AF566055

DELIUS KLASING

Edition **Audi Tradition**

EINBLICKE

DIE FAHRZEUGSAMMLUNG DER AUDI AG

DELIUS KLASING VERLAG

Audi Sport
HY
itk

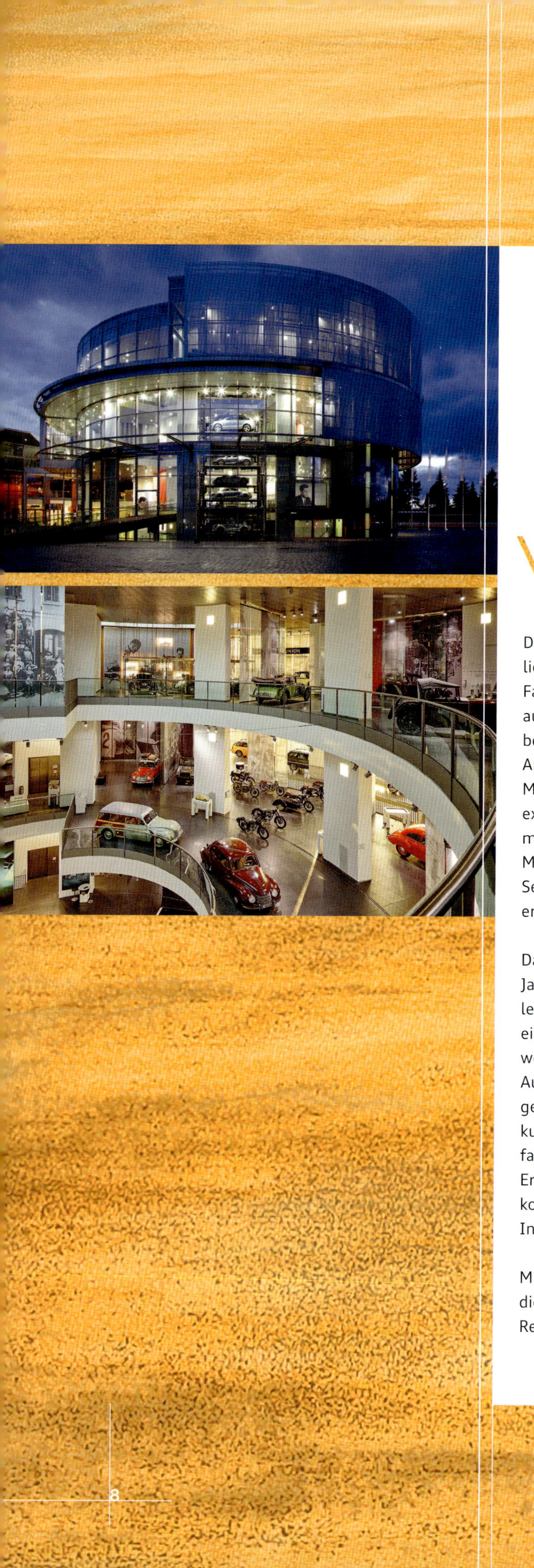

VORWORT

Dieses Buch soll einen Eindruck von den sonst öffentlich nicht zugänglichen Depots der Historischen Fahrzeugsammlung der AUDI AG vermitteln. Die auf mehrere Standorte verteilte Sammlung beherbergt aktuell, im Sommer 2022, die beeindruckende Anzahl von 727 Kraftfahrzeugen und knapp 200 Motorrädern. Dazu gesellen sich unzählige Kleinexponate, wie beispielsweise technische Schnittmodelle, und ein umfangreiches Archiv, dessen Magazinräume ebenso überquellen wie diverse Server, auf denen digitale Datensätze der Nachwelt erhalten werden.

Dass es diese Vielzahl von Zeugnissen aus bald 125 Jahren Unternehmensgeschichte heute gibt, ist beileibe keine Selbstverständlichkeit. Anders als bei einigen anderen Automobilherstellern bestanden weder bei der Auto Union GmbH noch später bei der Audi NSU Auto Union AG Ambitionen, die Produktgeschichte anhand von Zwei- oder Vierrädern zu dokumentieren und der Nachwelt zu erhalten. Bestenfalls per Zufall blieben, gut verborgen, einige wenige Erinnerungsstücke in Abstellräumen oder den Katakomben der alten Werksanlagen in der Ingolstädter Innenstadt erhalten.

Mit Aufgabe der Motorradfertigung verramschte die Auto Union 1958 den Restbestand der Motorrad-Rennabteilung und übergab die Reste an die neu gegründete Zweirad Union, die dann ihrerseits die Entsorgung in die Wege leitete. Sämtliche DKW-Rennmaschinen der Nachkriegszeit, die man heute bestaunen kann, sind aus Einzelteilen neu aufgebaut worden, die ein in Bayreuth ansässiger Autoteilehändler von der Zweirad Union erworben hatte! Als vierrädrigen Solitär gab es seit 1955 im Werksbesitz einen DKW Front aus dem Jahr 1931, mehr aber auch nicht.

In Neckarsulm sah es kaum besser aus, löbliche Ausnahme bildeten die Mitarbeiter der aufgelösten Rennabteilung, die ihre NSU Renn- und -Rekordmaschinen einschließlich eines großen Ersatzteilbestands nach dem Ende der werksseitigen Rennbeteiligung konservierten und sicher einlagerten. Vermutlich auf Betreiben der Presseabteilung war schon zu Beginn der 1960er-Jahre ein NSU-Wagen der Messingära wieder hergerichtet worden.
Nach den Kriegszerstörungen erhalten gebliebene historische Akten sowie aufbewahrungswürdige Unterlagen aus jüngerer Zeit landeten, mangels verfügbarer Archivräume, in Neckarsulmer Werkskellern. Dort fiel der Großteil einem Hochwasser der Sulm zum Opfer, die Ende der 1960er-Jahre das Werksgelände überflutet hatte. Immerhin bestand bei NSU zu dieser Zeit, anders als in Ingolstadt, eine Archivordnung, die die Abgabe nicht mehr benötigter Unterlagen an ein zentrales Archiv und deren Aufbewahrung regelte.

Gut erhaltene oder bereits restaurierte Exponate fanden vor dem Bau des museum mobile Platz in der sogenannten „Reifenhalle“. Dort wurden gelegentlich auch Gäste, wie hier Porsche-Urgestein von Hanstein mit Gattin, durch die noch sehr überschaubare Sammlung geführt.

Mitte der 1980er-Jahre begann die zur Traditionspflege gegründete, zunächst unter dem Dach der Rechtsabteilung beheimatete Auto Union GmbH, ebenso wie die in Neckarsulm ansässige NSU GmbH, gezielt mit dem Ankauf von Fahrzeugen, die für die Geschichte der Vier Ringe von Bedeutung waren. In der Ingolstädter Tagespresse findet sich 1987 folgendes Zitat: „Für 1992 wird die Firma 80 Exponate und nochmals 80 Fahrzeuge für die Reserve zusammengetragen haben. Bis jetzt besteht der Fahrzeugpark aus 15 Motorrädern und 35 Autos.“

Gefallen war diese Aussage des damaligen Geschäftsführers der Auto Union GmbH im Zusammenhang mit der Wiederbelebung einer alten Idee, nämlich der eines Automuseums in der Automobilstadt Ingolstadt. Die für 1992 geplante Eröffnung der Landesgartenschau gab den seit Ende der 1970er-Jahre immer wieder versackten Museumsplanungen neuen Auftrieb. Trotzdem sollte es bis zur Eröffnung des „museum mobile“ noch gute zehn Jahre dauern.
Zeit genug, den Sammlungsbestand zu erweitern. Im Verlauf der folgenden Jahre wurde die Fahrzeugparade immer umfangreicher; einst spektakuläre Ankäufe, wie der eines Horch 780 aus den USA, verblassten bald vor der schieren Masse von Wagen der Marken Audi, DKW, Horch, Wanderer und NSU. Die Gründung von Audi Tradition im Jahr 1998 überführte die Traditionspflege in einen eigenen Geschäftsbereich, der seine Heimat in einem neu errichteten Bürogebäude, losgelöst von der Rechtsabteilung, an der Werksperipherie fand. Das Mitte Dezember 2002 eröffnete „museum mobile“ der AUDI AG nahm viele der mittlerweile zusammengekommenen Ausstellungsstücke in einem seinerzeit spektakulären Ambiente auf. Auch im August Horch Museum Zwickau, dem im September 2004 eröffneten Gemeinschaftsprojekt der Stadt Zwickau und der AUDI AG, sind etliche Leihgaben aus der Ingolstädter Fahrzeugsammlung zu sehen.

Aktuell geht es bei der Vielzahl von Modellreihen und Derivaten darum, im Rahmen der Sammlungstätigkeit Lücken zu schließen, für die Zukunft möglichst „typische“ Motor- und Farbvarianten zu erhalten und sich gleichzeitig auf elektrifizierte oder autonom fahrende Exponate vorzubereiten.

Es bleibt spannend!

Der Fotograf Stefan Warter hat im Auftrag von Audi Tradition die besondere Atmosphäre der Fahrzeugdepots eingefangen. Die grafische Gestaltung des vorliegenden Bandes lag in den bewährten Händen der Zwickauer Agentur ö_konzept; Ralf Friese verfasste die begleitenden Texte und die Beschreibungen ausgewählter Sammlungsstücke.

Verlebte Beutestücke, wie die rare und nicht verbastelte DKW F 1 Cabrio-Limousine, zu der sogar der originale Kraftfahrzeugbrief existiert, verschwanden bis zu ihrer Restaurierung in den Remisen.

Ohne die im Wortsinn tatkräftige Unterstützung der Kollegen aus der Fahrzeugsammlung wären die diversen Fototermine in den einzelnen Depots gewiss nicht so reibungslos über die Bühne gegangen. Begleiten Sie uns jetzt auf eine Reise durch die Geschichte und freuen Sie sich über Einblicke in den „Einblicken“, die nicht nur wegen ihrer Bildsprache einmalig sind.

DKW

D58H

e-tron
TDI
Power
Great American Roadtrip
Vorsprung durch Technik
Audi

DIE

FRÜHEN JAHRE

Die zwischen 1873 und 1909 gegründeten Vorgängerunternehmen der heutigen AUDI AG zählten zu den ältesten Automobil- und Motorradmarken der Welt.

Im Jahr 1900 entstand in Neckarsulm das erste Motorrad, ihm folgte 1906 der erste „Original Neckarsulmer Motorwagen“. Der erste von August Horch entworfene Wagen absolvierte im Januar 1901 seine Probefahrt. 1902 begann bei Wanderer in Chemnitz die Motorradfertigung. Im Frühsommer 1910 verließ der erste Audi Typ A die 1909 in Zwickau gegründete Fabrik. 1916 experimentierte die Zschopauer Maschinenfabrik J. S. Rasmussen mit einem Dampfkraftwagen, 1919 stand der erste in Zschopau gebaute DKW-Fahrrad-Hilfsmotor auf der Leipziger Herbstmesse und 1928 hatte sich DKW zur größten Motorradfabrik der Welt entwickelt.

Audi Typ C „Alpensieger" 1911–1925

Motor
Vierzylinder-Reihenmotor, Viertakt
Leistung
35 PS bei 1.700 U/min
Hubraum
3.562 ccm
Höchstgeschwindigkeit
80-90 km/h
Verbrauch
15-17 Liter/100 km
Bauzeit
1911-1925
Gesamtproduktion
1.116 Stück

ALLER GUTEN DINGE SIND DREI

August Horch hatte 1899 die A. Horch & Cie. Motorwagenwerke gegründet. 1902 übersiedelte das Unternehmen nach Reichenbach im Vogtland, um 1904 unter dem Namen „August Horch Motorwagenwerke AG" in Zwickau eine neue Heimat zu finden. Nach einem Zerwürfnis mit dem Aufsichtsrat war Horch 1909 gezwungen, seine erste Firma zu verlassen. Er gründete noch im gleichen Jahr, kaum vier Wochen später, ebenfalls in Zwickau ein neues Unternehmen, die „August Horch Automobilwerke GmbH".

Diese Neugründung stieß sofort auf den Protest der Horchwerke, der Streit landete vor dem Reichsgericht in Leipzig und August Horch wurde im Urteil untersagt, seinen Familiennamen für das neue Automobilwerk zu verwenden. Ausweg aus dem Dilemma bot die Latinisierung seines Namens und so wurden am 25. April 1910 im Handelsregister Zwickau die „Audi Automobilwerke m.b.H." eingetragen.

Im Sommer 1910 kam mit dem „Typ A" das erste Audi-Automobil auf den Markt. Der 10/28 PS-Wagen war eine Weiterentwicklung bekannter Horch-Konstruktionsprinzipien. Ihm folgten 1911 der 10/28 PS Typ B sowie der 14/35 PS Typ C. Die erste Zahl bezeichnet die sogenannten „Steuer-PS", die zweite gibt die effektive Motorleistung an.
Dieses dritte Audi-Modell gehörte zu August Horchs besten und ausgereiftesten, bewusst auf gute Leistung entworfenen Konstruktionen. Die obenliegenden Ansaugventile fanden sich in einer Tasche über den schräg im Zylinderblock stehenden Auslassventilen angebracht, was sich günstig auf Leistung und Thermik des Motors auswirkte. Ein- und Auslassventile waren staub- und öldicht abgedeckt.

Jeweils zwei Zylinder waren in einem Block zusammengegossen; das massive Leichtmetall-Kurbelgehäuse schloss den Motorraum zwischen den Rahmenträgern nach unten hermetisch ab, beherbergte die desaxierte, d. h. um 14 mm aus der Mittellage versetzte, dreifach gelagerte Kurbelwelle sowie die unten liegende Nockenwelle und nahm beide verschraubte Zylinderblöcke auf. Der Motor verfügte über Druckumlaufschmierung mit Zahnradölpumpe, ventilatorunterstützte Thermosyphonkühlung, Doppelzündung durch Bosch Magnet. Ein Zenith-Vergaser versorgte das Triebwerk mit Gemisch; die Benzinförderung aus dem im Rahmenheck aufgehängten Kraftstofftank erfolgte unter dem Druck in den Tank eingeleiteter Auspuffgase.

Die angetriebene Hinterachse verfügte über ein Stirnraddifferential – ein weiteres für alle Audi-Modelle typisches Konstruktionsdetail. Die Schubkräfte nahm eine Kardangabel auf. Viergang-Schubvorgelege-Getriebe mit außenliegender Kulissenschaltung, Lederkonuskupplung, auf die Hinterräder wirkende,

2009 schickte Audi Tradition den Audi Alpensieger auf den Spuren der Alpenfahrt durch Österreich, Slowenien und Italien.

Den Teampreis der Alpenfahrt 1913
wussten die Zwickauer Audianer zu feiern.

per Handhebel betätigte Innenbackenbremsen sowie eine fußbetätigte Außenbandbremse, die auf die Kardanwelle am Getriebeausgang wirkte, standen für das eher konservativ ausgelegte Fahrwerk. Die Höchstgeschwindigkeit des Typ C mit kurzem Fahrgestell lag, je nach Baujahr und Entwicklungsstand des Motors, zwischen 90 und 100 km/h!

Seine Klasse bewies der „Typ C", als er von 1912 bis 1914 dreimal hintereinander die Österreichische Alpenfahrt, eine der seinerzeit schwersten motorsportlichen Langstreckenfahrten gewann. Da Horch und seine Mannen hierbei ebenfalls dreimal den Mannschaftspreis erringen konnten, ging der Große Alpenwanderpokal 1914 somit an Audi nach Zwickau. Damit sind innerhalb einer recht kurzen Frist vor allem die Marke Audi und ihr Ruf etabliert worden.

Die Alpenfahrten waren alles andere als eine „Kaffeefahrt", Daher blieb lediglich bei der An- und Abreise und beim „Quartiermachen" irgendwo in Slowenien Zeit für Erinnerungsfotos.

AUDI
AUTO UNION

Wie vorzeitliche Gerippe muten die selbsttragenden Holzkarosserien des DKW-Sportwagens PS 600 im Vordergrund,und des Audi Typ P im Hintergrund an. Der rechts stehende Roadsteraufbau hat aus Stabilitätsgründen von Haus aus nur eine Beifahrertür und gehört zum DKW F 1, dem ersten ab 1931 in Großserie gebauten Fahrzeug mit Frontantrieb.

IN KW58H

Motor
Achtzylinder-Reihenmotor, Viertakt
Leistung
100 PS bei 3.300 U/min
Hubraum
4.872 ccm
Höchstgeschwindigkeit
110 km/h
Verbrauch
20–25 Liter/100 km
Bauzeit
1927–1929
Gesamtproduktion
145 Stück

DIE MAJESTÄT DER STARKEN WAGEN

Unter der Regie des seit 1926 amtierenden Chefkonstrukteurs Heinrich Schuh war das erste Audi-Modell mit prestigeträchtigem Achtzylindermotor entstanden. Der Typ R 19/100 PS sollte, gemeinsam mit dem seit 1924 gebauten Audi Sechszylinder Typ M 18/70 PS, die Zweitypen-Politik der Zwickauer auf die höchste Stufe heben.

Während Rahmen, Achsen und die generelle Auslegung des Fahrgestells mit Starrachsen, Halbelliptikfedern samt Stoßdämpfern, Schubkugelabstützung der Hinterachse, Rudge-verzahnten Felgen und Bowen-Zentralschmierung der des Typ M entsprach, hatten die Konstrukteure den neuen Motor vor allem unter Kostenaspekten „entfeinert". Im Gegensatz zum aufwendigen Leichtmetall-Sechszylinder mit obenliegender Nockenwelle kam der 340 Kilogramm schwere Reihenachtzylinder recht konventionell daher. Der ellenlange Zylinderblock mit seitlich stehenden Ventilen bestand aus Grauguß und thronte auf einem Leichtmetall-Kurbelgehäuse, in dem die fünffach gelagerte Kurbelwelle mit maximal 3.700 Umdrehungen rotierte und über eine Steuerkette Nockenwelle, Zündmagnet und Lichtmaschine antrieb.

Acht Zylinder mit jeweils 80 mm Zylinderbohrung und 122 mm Kolbenhub ergaben einen Hubraum von 4.872 ccm. Mit der daraus resultierenden Leistung von 100 PS bei 3.300 Umdrehungen gehörte der Typ R zum seinerzeit elitären „100-PS-Club". Das höchste Drehmoment von 28 mkg lag bereits bei 1.100 Umdrehungen pro Minute an und gestattete schaltfaules Fahren. Motor und Getriebe trennte eine Mehrscheiben-Trockenkupplung, die – so die Werbung – „sanftes und stoßfreies Anfahren ermöglichte". Praktisch ab Schrittgeschwindigkeit spielte sich die Fahrerei im dritten und damit höchsten Gang des Schaltgetriebes ab. Wer es sich zutraute, der konnte andererseits bei maximal erreichbaren 3.700 U/min mit 120 Stundenkilometern durch die Lande brausen. Durchaus beeindruckende Werte, vor allem, wenn man sich vor Augen hält, dass allein das 5,20 Meter lange, bereifte Fahrgestell 1.550 Kilogramm auf die Waage bringt.

Eine 19/100-PS-Pullmanlimousine drückte mit gut 2,1 Tonnen Leergewicht auf die 20"-Niederdruckbereifung; mit der, je nach Aufbau, zulässigen „Nutzlast" von 650 bis 800 kg bewegte sich die Fahrzeugmasse auf dem Niveau eines leichten Nutzfahrzeugs. Entsprechende Kraftstoffmengen verarbeitete der per Unterdruckförderer gefütterte Zenith- oder Pallas-Steigstromvergaser. Wenigstens 22 Liter auf 100 Kilometer liefen durch die acht niedrig verdichteten Zylinder. Der 120-Liter-Tank im Heck garantierte dabei einen akzeptablen Aktionsradius.

Unter betörenden Achtzylinderklängen auf einsamen Landstraßen dahinzugleiten ist die schönste Form einer Zeitreise.

Der Aufbau wurde nach historischen Fotografien rekonstruiert, die vorhandene Technik akribisch überarbeitet.

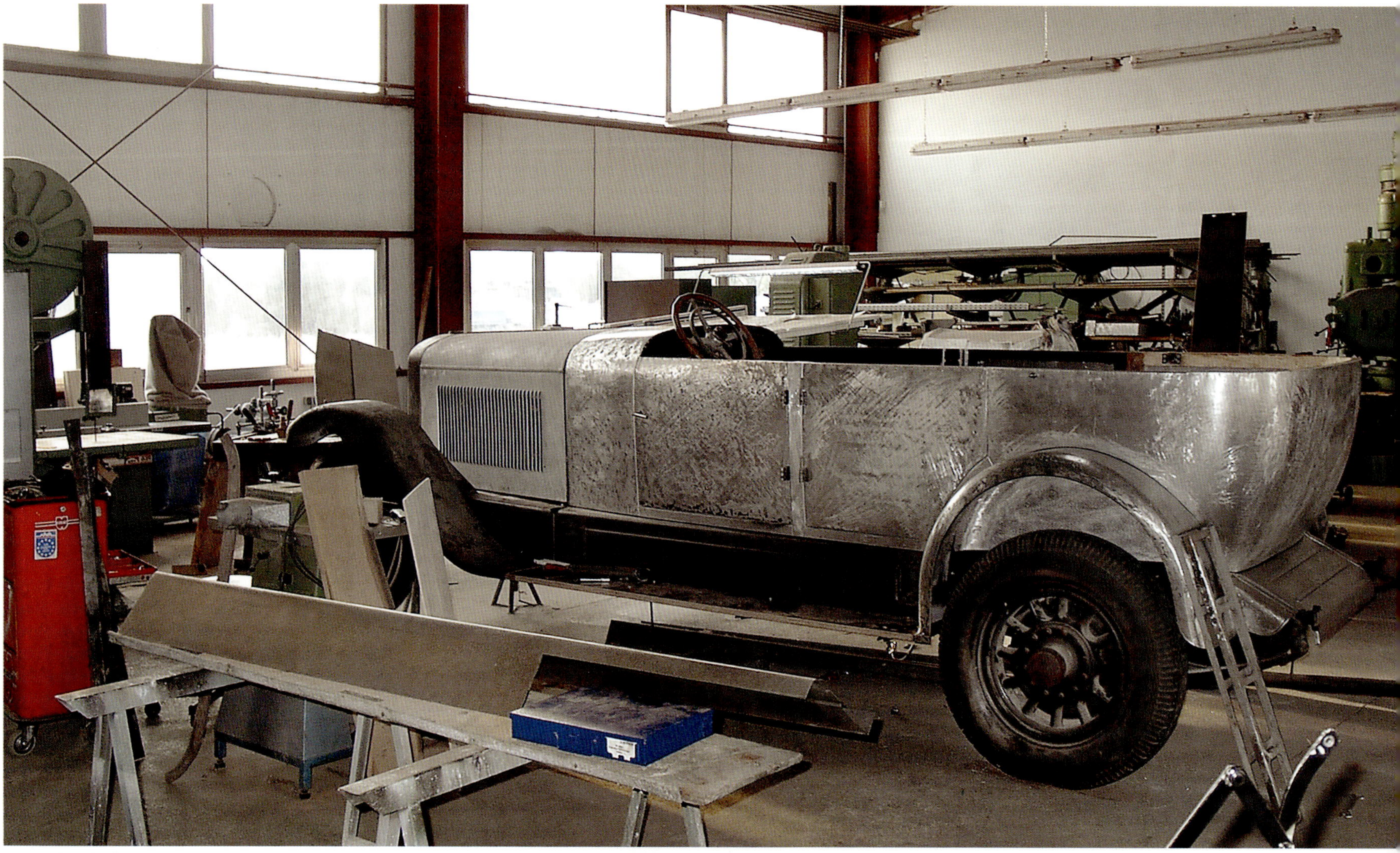

Die Karosserie des offenen Tourenwagens wird von einem soliden Holzgerippe gestützt. Auch die sogenannten „Artillerieräder" haben noch Holzspeichen zwischen Rudge-Nabe und Felgenbett.

In Anbetracht seiner majestätischen Größe erhielt der Audi Typ R den Beinamen „Imperator". Die Zwickauer Autobauer verkauften von ihrem Topmodell ausschließlich Fahrgestelle, die bei einem guten Dutzend Karosseriebaufirmen mit individuellen Aufbauten versehen wurden. Zwar hatten sich die Herstellungskosten gegenüber dem Typ M um 47 Prozent reduziert, trotzdem war der Audi Imperator immer noch ein ausgesprochen teurer Wagen; potentielle Kunden hielten sich angesichts weltwirtschaftlich schwieriger Zeiten zurück, und so verließen zwischen 1927 und 1929 lediglich 145 Chassis des Audi Typ R die Fertigung. Noch 1931 tauchte der Imperator in den Audi-Preislisten auf, dann waren auch die letzten Restbestände endlich abverkauft.

Der 1929 gebaute Imperator aus der Historischen Fahrzeugsammlung ist mit hoher Wahrscheinlichkeit das letzte noch existierende Exemplar dieser Baureihe. Er war Verschrottungswellen zur Stahlgewinnung für die Rüstungsindustrie und Beschlagnahmung entgangen, hatte durch glückliche Fügung den Krieg überstanden, und sollte in der frühen Nachkriegszeit vermutlich als Feuerwehrfahrzeug sein zweites Autoleben beginnen. Seiner Karosserie beraubt, wartete das Chassis auf einen Umbau, der nie stattfinden sollte. Erst Jahrzehnte später, mittlerweile im Besitz der Audi AG, kam es beim brandenburgischen Restaurierungsbetrieb Rosenow zur Restaurierung und zum Neuaufbau mit einer historisch korrekten siebensitzigen Tourenwagenkarosserie.

Zugelassen und einsatzbereit – der vermutlich letzte von 145
gebauten Audi Typ R „Imperator“.

Audi
LITER
Audi

Auf der Lenksäule Verstellhebel für Gemisch- und Zündverstellung. Schaltkasten und Instrumentierung entsprechen dem Stil der Zeit und geben dem Fahrer die nötigsten Informationen.

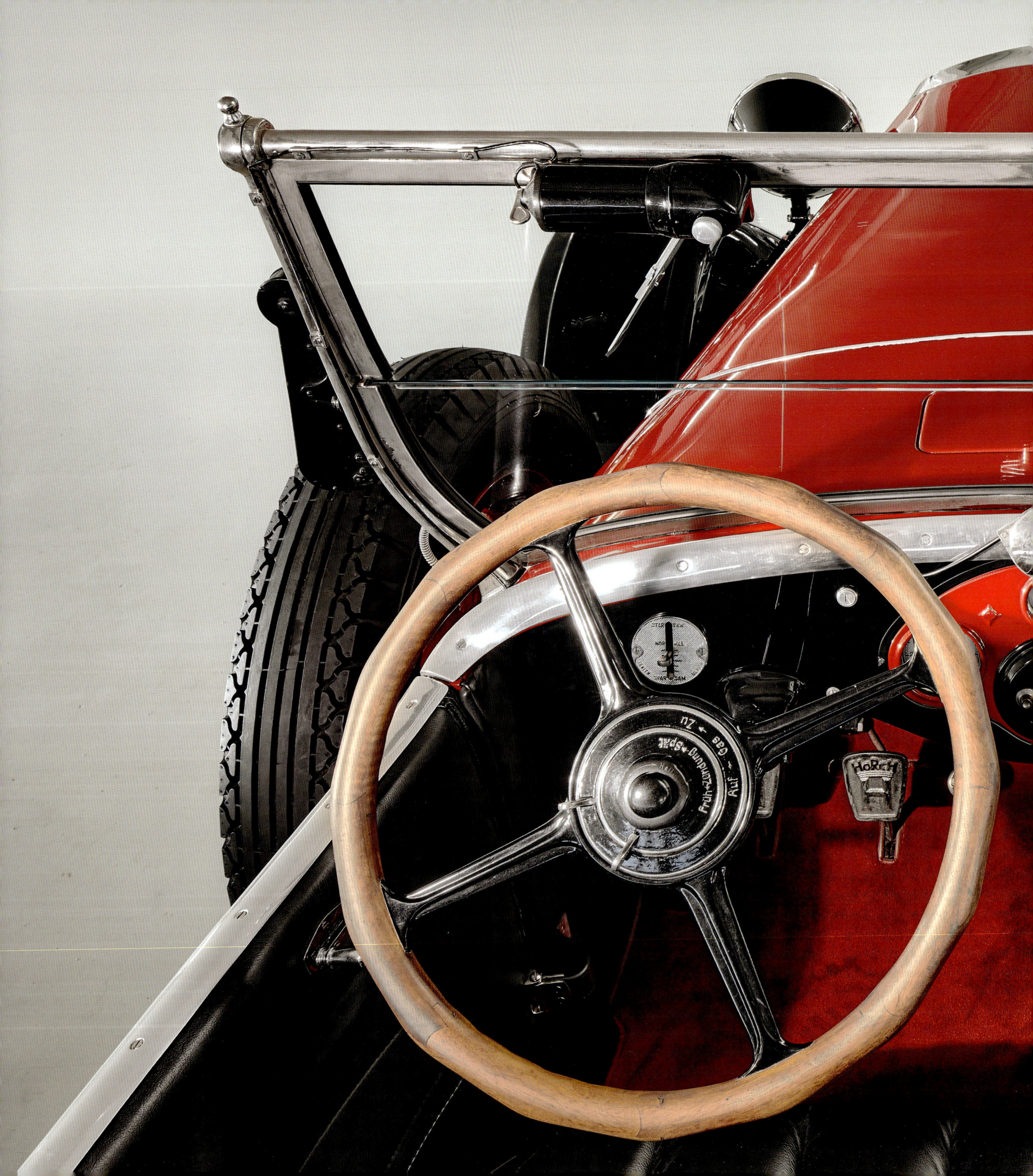
Zu ← Gas → Auf
Früh-Zündung-Spät
HORCH

Interieur des Horch 8 Typ 303 von 1927. Auch in diesem als Phaeton karossierten Luxuswagen „klemmte" der Fahrer aufrecht und ohne Bewegungsfreiheit hinter dem massiven Lenkradkranz.

IV-55425

Rechts eine Reihe von sechs Horch-Achtzylindern, gefolgt vom Horch 10/50, dem letzten Vierzylindermodell der Marke.
Im Hintergrund stehen mehrere Audi Front, an der Stirnseite eine Wanderer Stromlinien-Replika. Links im Bild diverse DKWs aus den 1950er-Jahren.

Drei Wanderer W 3 5/15 PS „Puppchen“ aus den späten 1910er- und frühen 1920er-Jahren. Der Abschleppwagen entstand aus einem hocheleganten Wanderer W 11 Cabriolet – sic transit gloria mundi!

IV-578

Wanderer W 25 K 1936–1938

Motor
Sechszylinder-Reihenmotor,
Viertakt mit Kompressor
Leistung
85 PS bei 4000 U/min
Hubraum
1.963 ccm
Höchstgeschwindigkeit
145 km/h
Verbrauch
16–20 Liter/100 km
Bauzeit
1936–1938
Gesamtproduktion
259 Stück (Roadster und Cabriolet)

WER WAHREN WERT WILL WÄHLT WANDERER

Zur Internationalen Automobile und Motorrad Ausstellung 1935 hatte die Auto Union AG drei bildhübsche Roadstermodelle der Konzernmarken Audi, DKW und Horch vorgestellt. Der sportliche Zweisitzer von Wanderer war dagegen nicht rechtzeitig fertig geworden und erlebte seine Premiere erst im folgenden Jahr.

Ursprünglich hatten die Entwicklungsingenieure im Wanderer Werk Siegmar noch das stockkonservative Starrachsen-Fahrgestell des Wanderer W 21 für ihren Kompressorsportwagen verwenden wollen. Angesichts der angestrebten Höchstgeschwindigkeit von 145 km/h und der bekannten Probleme mit flatternder Vorderachse bei diesem Fahrgestell fiel die Entscheidung, die Neuentwicklung mit dem Chassis des neuen Wanderer W 24 Vierzylindermodells weiterzuführen. Die nach wie vor eingebaute hintere Starrachse mit hoch liegender Querblattfeder nutzte als sogenannte „Schwebeachse" DKW-Patente. Die Vorderräder hingen an einer Schwingachse mit unten liegender Querblattfeder und oben angebrachten Dreieckslenkern, deren Aufnahme gleichzeitig als hydraulisch wirkender Hebelstoßdämpfer fungierte. Vier Traversen und zwei U-Profilbleche verbanden den elektrisch geschweißten Rahmen.

Von der ursprünglich angedachten Bezeichnung „Wanderer W 200 K" war die Auto Union abgerückt, auf der Automobilausstellung im Februar 1936 trug der zweisitzige Roadster den neuen und endgültigen Namen „Wanderer W 25 K". Das Suffix „K" stand für „Kompressor", den zweiten Grund für die verspätete Modellvorstellung. Technische Basis des Kompressormotors bildete der von Porsche entwickelte und seit 1932 in verschiedenen Modellen bewährte Zweiliter-Leichtmetall-Sechszylinder mit nassen Laufbuchsen und hängenden Ventilen. Ein solides, zuverlässiges Aggregat – mit gerade einmal 40 PS Leistung jedoch alles andere als ein Hochleistungs-Sportmotor. Diesem Manko wurde auf nachgerade brutale Art und Weise, durch Anbau eines ständig mitlaufenden Roots-Gebläses, abgeholfen.

Stabile, stählerne Stirnräder sowie ein Leichtmetall-Zylinderkopf bildeten, neben dem Einbau des Kompressorantriebs vor der Kupplungsglocke, die hauptsächlichen Veränderungen des Grundmotors. Am augenfälligsten war jedoch der große, zwischen Steigstromvergaser und Saugrohr an der Motorseite verschraubte Kompressor. Vom Nockenwellenstirnrad aus erfolgte über Zwischenräder und eine freilaufende Welle mit zwei Hardyscheiben der Antrieb des von Victor Derbuel in Gera zugelieferten zweiflügligen Roots-Gebläses. Bei Nenndrehzahl von 4.000 U/min leistete der Motor 85 PS. Die Flügel des Kompressors rotierten dabei mit gut 9.200 Umdrehungen. Schmierung von Lagern und Zahnrädern

Auto-Union-Rennfahrer Ernst von Delius am Lenkrad des Wanderer W 25 K.
Darunter eine historische Werbeaufnahme des schönsten Auto-Union-Armaturenbretts seiner Zeit.

Oben das W 25 Cabriolet, darunter der Roadster und ein Cabriolet hoch über der Begrenzung der Avus-Nordkurve.

des Gebläses stellte ein einstellbarer Bosch-Tropföler sicher; diese Verlustschmierung, das Öl gelangte nämlich in den Ansaugtrakt, führte zu verölten Zündkerzen und Motoraussetzern. Reduzierten entnervte Werkstätten die zugeführte Ölmenge, kam es nicht selten zu Lager- und Zahnradschäden am Kompressor, in deren Folge oft auch Kompressorantrieb, Nockenwellenzahnrad oder der dicht daneben eingebaute Zündverteiler in Mitleidenschaft gezogen wurden.

Die reichlich extravagante Technik, dazu gehörte auch ein sogenanntes unsynchronisiertes und schwer schaltbares „Sportgetriebe“, versteckte sich unter einer atemberaubend eleganten Roadsterkarosserie, die von der Stuttgarter Karosseriebaufirma Baur zugeliefert wurde. Einen Monat nach Einführung des Roadsters stellte die Auto Union das Wanderer W 25 K Cabriolet vor, ebenfalls mit einem Aufbau von Baur, das bei aller Sportlichkeit deutlich geräumiger und komfortabler geraten war.
Im Juli 1938 endete die Produktion. Bis dahin verließen 104 Roadster, 140 Cabriolets und 16 Fahrgestelle das Werk Siegmar.

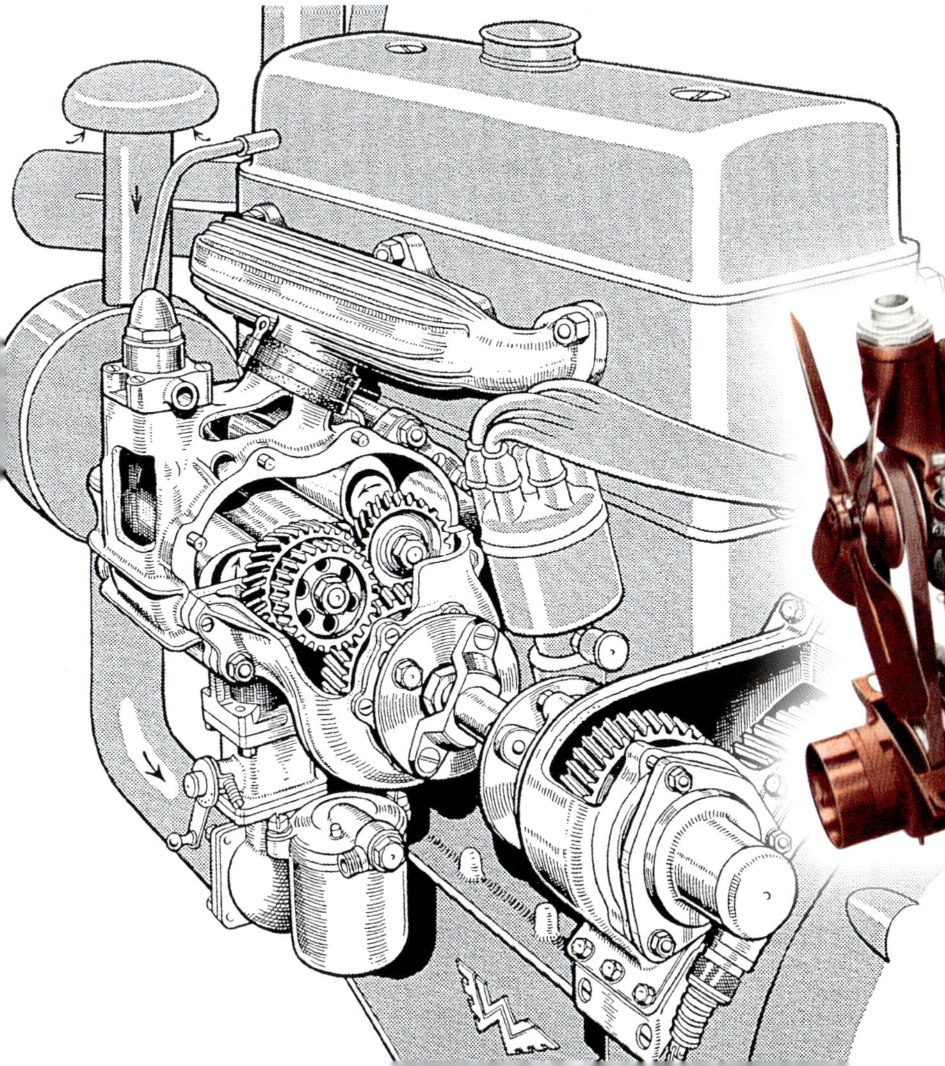

Technischer Leckerbissen: Der Zweiliter-Kompressormotor mit permanent mitlaufendem „nassem“ Rootsgebläse.

hatte den Wanderer W 25 K in die Vereinigten Staaten mitgenommen und ihn dort noch bis 1956 gefahren.
Ursprünglich war dieser W 25 K ein Roadster gewesen. Ein unbekannter Blechkünstler hat ihn mit den Türen des Cabriolets umgebaut und etwas wetterfester gemacht.

AUTO UNION A.G.
WANDERER
Werk Siegmar
Type W 25
Wagen Nr. 180045
Motor Nr. 180045
1949 Hubraum cm3
85 BremsPS
1050 Gewicht kg.

690-628
19 VIRGINIA 56

LIZEI
690-628
19 VIRGINIA 56

Aus Platzgründen ausgelagert zu den Youngtimern. Ein Blickfang ist der Kompressor-Sportwagen auch dort.

HORCH
WANDERER
AUTOMOBILE
KUNDENDIENST
DKW F 5 Roadster

Die DKW-Front-Modelle unterlagen steter technischer Weiterentwicklung. Von links DKW F 1 von 1931, DKW F 5 Roadster von 1937 und DKW F 2 Meisterklasse Cabrio-Limousine von 1933.

Oben: Horch 851 Pullman-Limousine und ein original erhaltenes zweisitziges DKW F 5 Front-Luxus-Cabriolet.

AUFBRU

CHSTIMMUNG

Nach Ende des Zweiten Weltkriegs konnten einige Automobil- und Motorradhersteller nahezu reibungslos zur sogenannten „Friedensproduktion" übergehen. Zu diesen gehörte NSU, wo man 1945 bereits wieder 8.822 Fahrräder und 98 Motorräder herstellte; andere Unternehmen der Branche waren dagegen in den Kriegswirren untergegangen.
Die teilweise zerstörten Werke der Auto Union AG wurden dagegen beschlagnahmt, enteignet und demontiert, das Unternehmen 1948 aus dem Handelsregister gelöscht. Als neue Produktionsgesellschaft entstand nach einigen Zwischenschritten am 3. September 1949 in Ingolstadt die Auto Union GmbH, die die Markentradition von DKW fortführen sollte.

Motor
Achtzylinder-V-Motor, Viertakt
Leistung
92 PS bei 3.600 U/min
Hubraum
3.823 ccm
Höchstgeschwindigkeit
125 km/h
Verbrauch
18 Liter/100 km
Bauzeit
1940 (Chassis), 1953 (Karosserie)
Gesamtproduktion
1 Stück

DER ERSTE UND LETZTE HORCH AUS INGOLSTADT

Auto Union Vorstand Dr. Dr. Richard Bruhn besaß keinen Führerschein und musste bei allen Fahrten mit dem Automobil die Dienste eines Fahrers in Anspruch nehmen. Vor dem Krieg bereitete das bei der großen Modellpalette von Audi, Horch und Wanderer keine Schwierigkeiten; ein repräsentatives Fahrzeug stand immer zur Verfügung. Ein wenig diffiziler gestaltete sich die Lage in den Gründerjahren der neu erstandenen Auto Union GmbH. Eine zweizylindrige DKW-Meisterklasse mit Chauffeur wirkt aus heutiger Sicht wie Realsatire, und doch belegen Fotografien, dass es auch das gegeben hat. Für längere Reisen behalf man sich mit der Eisenbahn oder mit „überlebenden", allerdings mittlerweile aus der Zeit gefallenen Vorkriegsmodellen.

1952 stand eines schönen Spätsommertags vor der Versuchsabteilung im Werk Ingolstadt eine abgewirtschaftete Horch 830 BL Pullman-Limousine aus der letzten Vorkriegsbaureihe. In den nächsten Wochen ließ sich auf dem Werksgelände verfolgen, wie die einst luxuriöse Limousine von Tag zu Tag immer weniger wurde, bis schließlich Anfang November 1952 nur noch das „entbeinte" Chassis, bereit zur Generalinstandsetzung, auf dem Hof stand. Fragende Gesichter bei den meisten, die diesen Vorgang mitbekommen hatten, und wissendes Lächeln bei einer kleinen Gruppe von Konstrukteuren, Versuchsmitarbeitern, Blechnern und Sattlern.

Bereits längere Zeit vor der Skelettierung des zuletzt in München als Taxi genutzten Horch war das Tonmodell einer klassisch-konservativen Pontonkarosserie für die Modernisierung eines Vorkriegsfahrzeugs entstanden, das gekonnt Stilelemente des 1951 vorgestellten Mercedes 300 zitierte, ohne diesen jedoch sklavisch zu kopieren. Vom Tonmodell zu Reinzeichnungen war der Weg kurz; sobald die Konstruktionszeichnungen vorlagen, machten sich Modellschreiner in der werkseigenen Tischlerei daran, hölzerne Klopfformen für die Karosseriebauteile anzufertigen.

Um die Jahreswende 1952/53 stand in der beengten Versuchswerkstatt an der Dreizehnerstraße eine veritable Helling, auf der die ersten Bauteile der neuen Karosserie, ausgehend von der Trennwand im Innenraum, autogen zusammengeschweißt wurden. Die an anderer Stelle handgedengelten Bleche wuchsen in Windeseile zu einem voluminösen Karosseriekörper zusammen. Die Mannschaft der aus Sachsen nach Ingolstadt geflüchteten Horch-Karosseriewerker hatte ihre Meisterschaft aufs Neue unter Beweis gestellt, und das unter unvergleichlich primitiveren Arbeitsbedingungen als in der Vorkriegszeit.

Im Juni 1953 erhielt Dr. Bruhn den Wagen zu seinem 67. Geburtstag als „Geschenk der großen Auto-Union-Familie", wie die Hauszeitschrift „DKW Nachrichten"

Von der Autobahnauffahrt Ingolstadt-Süd bis zu Al Wilson in Texas war es ein langer Weg, der nicht spurlos am Horch vorbeigegangen ist.

Für Auto-Union-Chef Dr. Dr. Richard Bruhn entstand in der Ingolstädter Versuchsabteilung der repräsentative Neuaufbau einer Vorstandslimousine. Die technische Grundlage lieferte ein in die Jahre gekommener Horch 830 BL von 1940.

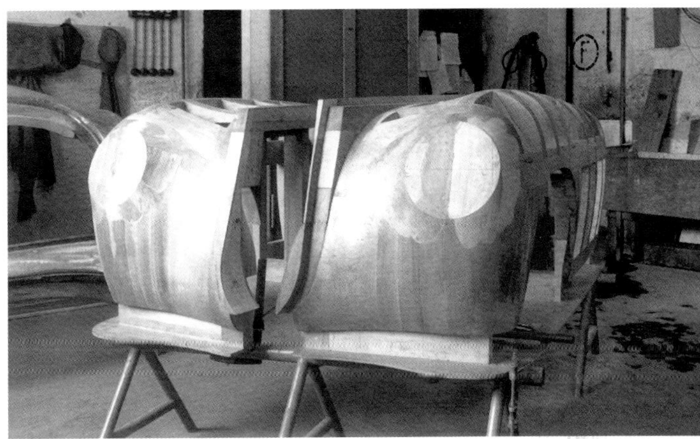

In Handarbeit wurden die Bleche über Holzmodellen gehämmert und autogen zu einem massiven Limousinenaufbau im Stil des Mercedes 300 verschweißt.

stolz vermeldete. Er nutzte den renovierten Achtzylinder häufig für Fahrten zwischen den Werksstandorten Düsseldorf und Ingolstadt und tauchte damit ab und zu auch in seiner Heimatstadt Cismar in Holstein auf, wie sich der Sohn des dortigen DKW-Händlers noch Jahrzehnte später erinnerte.

1956 schied Bruhn aus der Geschäftsführung der Auto Union aus, die daraufhin den Wagen – vermutlich über die Filiale Frankfurt – an einen in Deutschland stationierten amerikanischen Soldaten verkaufte. Der fuhr ihn, wie das erhalten gebliebene Kennzeichen der US-Forces in Germany aus dem Jahr 1957 belegt, noch so lange in Deutschland weiter, bis sein Dienst beendet war und er nach Haus zurückkehren konnte. Den Horch nahm er mit in die Vereinigten Staaten, wo der Wagen irgendwann mit einem Getriebeschaden strandete. 1967 tauchte das Unikat auf einem Schrottplatz auf, von wo ihn der Texaner Al Wilson für 500 US-Dollar mitnahm. Wilson ließ den Motor überholen und die defekten Getriebeteile neu anfertigen. Nach nur 20 Meilen Fahrtstrecke streikte das Getriebe erneut, der Horch wanderte auf den Abstellplatz, wo er die nächsten Jahrzehnte verbringen sollte. Ein 1967 aufgenommenes Foto, publiziert in der Horch-Chronik des Automobilschriftstellers Werner Oswald, war zunächst der einzige vage Hinweis, dass es diesen Wagen noch geben könnte. Als dann, Jahre später, Audi Tradition Fotos aus Texas erhielt, die die Existenz des „letzten Horch" belegten, kam wieder Bewegung in die Geschichte. Seit 2008 gehört der einzige je in Ingolstadt aufgebaute Horch zur Historischen Fahrzeugsammlung der Audi AG. Von der anfangs angedachten Restaurierung ist inzwischen nicht mehr die Rede, das von den Zeitläufen gezeichnete Luxusmobil darf die Spuren seiner Historie behalten und wird nicht angetastet.

Eingerahmt von einem Horch 420 Cabriolet aus dem Jahr 1931 und der 1935 gebauten Horch 851 Pullman Limousine zeigt der 1953 im Werk Ingolstadt neu karossierte Horch 830 BL die Spuren jahrzehntelangen Stillstands.

Stilistisch ließen sich die Ingolstädter Karosseriebauer erkennbar vom 1951 vorgestellten Mercedes 300 inspirieren. Fahrzeughöhe und Reifenformat zeigen jedoch, dass es sich um ein modifiziertes Fahrzeug aus der Vorkriegszeit handelt.

Eines von nur 25 gebauten DKW Sonderklasse Zweisitzer Luxus-Coupés im Originalzustand. Der Karosserieentwurf stammt von Hebmüller in Wuppertal.

DKW
DKW

IN LF 93H

ABUS
A1 open air

DKW STM III 1955–1956

Motor
Zweizylinder-Reihenmotor, Zweitakt, luftgekühlt
Leistung
20 PS bei 4.200 U/min
Hubraum
500 ccm
Höchstgeschwindigkeit
100 km/h
Verbrauch
6 Liter/100 km
Bauzeit
1955–1956
Gesamtproduktion
4 Prototypen

MOLLY, MOPPEL UND DIE KUNSTSTOFF-ALCHIMISTEN

Bereits 1935 hatte die Auto Union AG in Zusammenarbeit mit der in Spremberg ansässigen Römmler AG Karosserieteile aus Kunstharz-Schichtstoff entwickelt und hergestellt. Zum Bau einer vollständigen DKW-Karosserie kam es jedoch erst mit dem Wechsel zur Troisdorfer Dynamit AG, die im Juli 1937 Kunststoff-Pressteile für drei vollständige DKW-Karosserien lieferte, die auf Fahrgestellen des DKW F 7 und später auch auf dem Ovalrahmen des ab März 1939 gebauten DKW F 8 aufgesetzt wurden. In den Jahren 1938, 1940 und 1941 durchgeführte Überschlag- und Katapult-Versuche zeigten im Crashverhalten die deutliche Überlegenheit der Kunststoffkarosserien gegenüber den bis dahin eingesetzten DKW-Holzaufbauten. Krieg und Kriegsende verhinderten die kontinuierliche Weiterentwicklung, zur Serienproduktion eines „Kunststoff-DKW“ kam es nicht mehr.

Mitarbeiter der in Ingolstadt neu gegründeten Auto Union GmbH griffen die grundlegende Idee eines günstig zu produzierenden Kleinwagens mit Kunststoffkarosserie wieder auf. Im Rahmen der Grundlagenforschung – die im Werk Düsseldorf noch bis zu dessen Verkauf an die Daimler-Benz AG im Jahr 1961 fortgeführt werden sollte – untersuchten die dort und anfangs auch in Ingolstadt ansässigen „Alchimisten“ sämtliche zu dieser Zeit bekannten Materialpaarungen und entwickelten auf diese zugeschnittene Fertigungsverfahren.

Die Initialzündung zur Entwicklung eines zweisitzigen Kleinstwagens ging Ende 1952 von der im Werk Ingolstadt ansässigen Zweiradfraktion aus. Das intern als „Motor-Vierrad-Fahrzeug mit vollkommenem Wetterschutz“ geführte Konzept lief intern unter dem Spitznamen „Molly“. Ein im Heck eingebauter, von der RT 250 abgeleiteter, luftgekühlter 250-ccm-Einzylindermotor hätte seine Leistung via Vierganggetriebe mit Rückwärtsgang auf die Hinterräder abgeben. Das knapp drei Meter lange, trapezförmige Vehikel wog gut 250 Kilogramm und sollte mit 225 kg Zuladung noch eine Höchstgeschwindigkeit von 75 km/h erreichen. Der Kaufpreis hätte sich nach erhaltenen Kostenkalkulationen auf DM 2.500,– belaufen. Zur Serienfertigung kam es indes nicht, zu primitiv erschien der „Allwetterroller“ mittlerweile seinen Schöpfern.

Das Konzept änderte sich radikal. Anstelle eines Einzylindermotors im Heck fand die jetzt zweizylindrige Antriebseinheit im Fahrzeugbug Platz und trieb die Vorderräder an. Aus 400 ccm Hubraum erwarteten die Entwickler eine Leistungsausbeute von rund 14 PS. Die unter der Tarnbezeichnung StM I geführte Entwicklung – „StM“ stand dabei für „Stationärmotor“ – sollte unter einer aufklappbaren Dachkuppel drei versetzt sitzenden Passagieren Platz bieten. Noch im Modellstadium kamen Zweifel hinsichtlich der Kundenakzeptanz einer derartigen

Der letzte erhaltene StM III, aufgenommen unmittelbar nach der Rückgabe aus Wolfsburg in den 1980er-Jahren.

Die Crashversuche mit dem Dreisitzer fanden bei Manching in Oberbayern statt – wenn man der Beschriftung einer alten Filmrolle Glauben schenken darf. Die Betroffenheit über das Ergebnis ist den Herren Werner, von Eberan-Eberhorst und Hahn ins Gesicht geschrieben.

Evolutionsstufen eines fortschrittlichen, jedoch nicht zu Ende gedachten Konzepts.

Klappdachlösung auf. Zwei richtige Türen sollte der Kleinwagen erhalten, dem die Mitarbeiter wegen seiner Form den Spitznamen „Moppel" verliehen hatten.

Der Moppel mutierte bis zum Februar 1955 zum StM II mit mittig angeordnetem Fahrersitz und Lenkung. Dessen zweitüriger, aus glasfaserverstärktem DEKADUR-Kunststoff hergestellter Aufbau bestand aus 36 miteinander verklebten und vernieteten Einzelteilen und brachte gerade einmal 80 Kilogramm auf die Waage. Die Herstellung der einzelnen Pressteile dauerte nur drei Minuten, das anschließende Verkleben der Einzelteile benötigte dagegen gut zehn Minuten Zeit. Die ersten Versuchsmuster verfügten noch über einen quer eingebauten Zweizylinder-Zweitaktmotor. Ab 1956 war der Motor, mitsamt dem neu entwickelten Getriebe, in Längsrichtung installiert. Sieben StM II verschiedener Entwicklungsstufen waren bis Juni 1956 als Prototypen entstanden und vier davon im Dauerlauf erprobt worden, dann fiel die Entscheidung, den Dreisitzer aufzugeben und stattdessen auf ein bereits in Entwicklung befindliches viersitziges Modell, den StM III, zu wechseln. Ausschlaggebend für diese Entscheidung dürfte das eindeutige Votum der Teilnehmer einer Händlertagung vom 19. April 1956 gegen den dreisitzigen Moppel gewesen sein.

Der erste Viersitzer ging am 6. Februar 1956 in die Fahrerprobung, angetrieben von einem auf 500 ccm vergrößerten luftgekühlten Zweizylindermotor, dessen Leistung jetzt bei 20 PS lag. Die Entscheidung für die endgültige Karosserieform des Vollkunststoffaufbaus mit Kofferraumklappe fiel am 13. Juni 1956. Die Entwicklung sämtlicher Kunststoffmodelle hatte bis dahin rund 2 Millionen DM gekostet, eine verhältnismäßig geringe Summe, wenn man den für die Grundlagenforschung betriebenen Aufwand in Betracht zieht. Als Schatten schwebte über dem vom Entwicklungschef Eberan von Eberhorst und dem Karosserie- und Kunststoffspezialisten Kurt Schwenk vorangetriebenen Kunststoffprojekt die zunehmende Verunsicherung der drei Hauptgesellschafter (Flick, von Oppenheim, Göhner), die dem technischen Neuland zunehmend skeptischer gegenüberstanden. Auf ihr Betreiben wurde schließlich am 17. Mai 1956 mit William Werner, vor dem Krieg Technikvorstand der Auto Union AG, ein ebenso skeptischer Techniker ins Unternehmen geholt und Eberan von Eberhorst vor die Nase gesetzt. Das Ende kam kurz und brutal; am 8. September 1956 wurden auf Direktive Werners sämtliche Entwicklungsarbeiten am StM III eingestellt. Nur einen Monat später verließen Eberan von Eberhorst und Schwenk die Auto Union.

Insgesamt elf STM-Prototypen sind gebaut worden: sieben StM II, davon vier fahrfähige Exemplare und vier StM III, davon zwei Stück fahrfähig. Der Viersitzer aus der Historischen Fahrzeugsammlung hatte lange Jahre auf dem innenstädtischen Werksgelände hinter der ehemaligen Versuchsabteilung gestanden und war, nach Übernahme der Auto Union durch Volkswagen, wieder zum Laufen gebracht und auf der Wolfsburger Versuchsbahn ausgiebig getestet worden. Ein DKW-Geländewagen mit Kunststoff-Wannenaufbau tauchte 2009 als weiterer Zeuge der Kunststoffentwicklung im Zeichen der Vier Ringe in Österreich auf und gehört heute ebenfalls zum Sammlungsbestand der AUDI AG.

Der einzige Überlebende der weitgehend unbekannten DKW-StM-Prototypenreihe wird zu besonderen Anlässen aus dem Depot geholt und ins Licht der Öffentlichkeit gerückt.

AB 37 3771

AB 37 = 3771

AB 37 = 3771

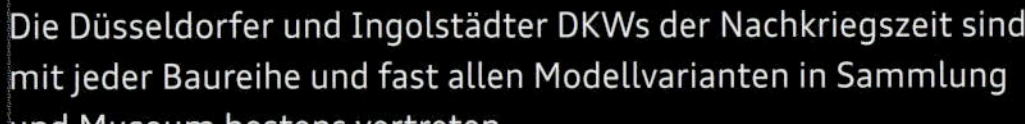

Die Düsseldorfer und Ingolstädter DKWs der Nachkriegszeit sind mit jeder Baureihe und fast allen Modellvarianten in Sammlung und Museum bestens vertreten.

Seit 1949 in Ingolstadt
DKW
PROGRAMM

Auto
Vorsicht!
WANDERER
CHROMRÄDER
206

Zu den Raritäten gehören die beiden im Vordergrund sichtbaren DKWs aus Brasilien: eine 1967er DKW-Vemag Belcar Limousine und der in Kleinserie gebaute DKW Malzoni GT mit Fiberglaskarosserie.

Versandauftrag
F4040
F5110
F4085

Vom DKW-Transport-Dreiradwagen aus dem Jahr 1928 bis zum 1967 gebauten spanischen DKW Imosa mit Mercedes-Dieselmotor reicht die Palette der Nutzfahrzeuge und Kombis.

NSU Prinz II E Wankel-Motor 1960–1962

Motor
Einscheiben-Kreiskolbenmotor, wassergekühlt
Leistung
30 PS bei 6.000 U/min
Kammervolumen
250 ccm
Höchstgeschwindigkeit
unbekannt
Verbrauch
ca. 10 Liter/100 km
Bauzeit
1960–1962
Gesamtproduktion
3 Stück

KREISEND MIT VIEL SCHÖNEN REDEN

Für NSU stand das Jahr 1957 für den Beginn einer neuen Zeit. Die Zweiradepoche neigte sich ihrem Ende zu, und mit wachsendem Wohlstand stiegen auch die Ansprüche der Menschen an Komfort, Sicherheit und Bequemlichkeit. Erstmals nach Einstellung der Automobilproduktion im Jahre 1929 baute man in Neckarsulm wieder einen Personenwagen. Eine aufwendige Entwicklungsarbeit war der Aufnahme der Serienfertigung vorangegangen, am 30. August 1957 konnte man ein viersitziges Fahrzeug mit selbsttragender Karosserie und standfestem Motor der Presse vorstellen. Zum Preis von 3.739,– DM stand der für vier Personen zugelassene „Prinz“ schließlich am 4. März 1958 bei den NSU-Händlern.

Der 1. Februar 1957 war ein weiterer denkwürdiger Tag für das kleine Spezialistenteam von NSU-Technikern. Auf dem Prüfstand der NSU Forschungsabteilung wurde der erste Rotationskolbenmotor zum Laufen gebracht. Die Versuchsmotoren gaben bei einem Kammervolumen von 129 ccm die beachtliche Leistung von 29 PS bei 17.000 U/min ab. Seit mehreren Jahren schon arbeitete man in Neckarsulm an der Entwicklung eines völlig neuen Motorenkonzeptes: einem Motor, der seine Kraft nicht über Hubkolben, sondern über einen „dreieckigen“ rotierenden Läufer (Trochoide) entwickelte.

Die Idee geht auf den technischen Autodidakten Felix Wankel zurück, der mit den NSU-Werken einen Partner für die Umsetzung gefunden hatte, doch von der Idee bis zur Serienreife sollte es ein mühsamer Weg werden. Schließlich dauerte es noch bis 1963 ehe der „NSU/Wankel-Motor“ als serienreife Kraftmaschine in den NSU/Wankel Spider eingebaut werden konnte.
An jenem 1. Februar absolvierte der Urtyp des Wankel-Motors seinen ersten Testlauf auf dem Motorenprüfstand. Der Motor arbeitete als Viertakter ohne Ventilsteuerung, wobei der rotierende Läufer in exzentrischer Bewegung die Brennräume vergrößert oder (beim Verdichten des Gasgemisches) verkleinert. Die ursprüngliche von Wankel erdachte Drehkolbenmaschine verbarg noch ein hochkompliziertes Innenleben: Nicht nur der Läufer rotierte um seine eigene Achse, sondern auch die ihn umgebende Trochoide. Es war der Leiter der NSU-Forschungsabteilung, Dr. Walter Froede, dem die entscheidende Vereinfachung des Motors zuzuschreiben ist. Aus der Drehkolbenmaschine wurde, nach seinen Überlegungen und Vorschlägen, durch „kinematische Umkehr“ die Kreis- oder Rotationskolbenmaschine: Bei diesem Konzept steht der Außenläufer – praktisch das Gehäuse – still, und nur der Kolben rotiert.

Am 19. Januar 1960 legte NSU anlässlich einer VDI-Tagung in München die bis dahin erreichten For-

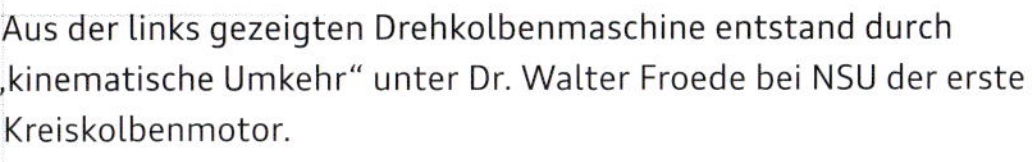

Aus der links gezeigten Drehkolbenmaschine entstand durch „kinematische Umkehr“ unter Dr. Walter Froede bei NSU der erste Kreiskolbenmotor.

schungsergebnisse über den NSU/Wankel-Motor der Öffentlichkeit vor. Bei dieser Gelegenheit veranschaulichte ein Kreiskolbenmotor mit 250 ccm Kammervolumen auf dem Parkplatz vor dem Tagungsort die Funktionalität des neuen Motorkonzepts.
Spätere Versuchs- und Erprobungsfahrten unter angenäherten Serienbedingungen fanden in der Hülle von drei leicht modifizierten NSU Prinz II sowie einem Sport-Prinz statt, die allesamt als „fahrende Prüfstände“ unterwegs waren. Unter ständig wechselnden Belastungen im Straßenverkehr ließen sich Betriebsverhalten ebenso wie Schwachstellen der 30 PS leistenden Aggregate des Typs KKM 250 ermitteln, ohne viel Aufsehen zu erregen.

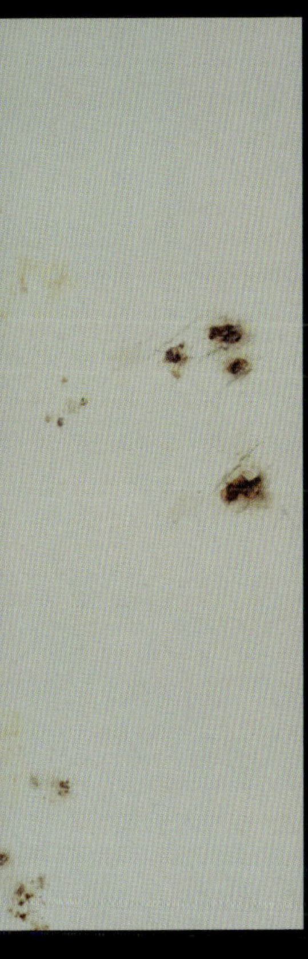

In solch einem unscheinbaren Gehäuse fand die Erprobung der frühen Kreiskolbenmotoren auf der Straße statt. Kaum waren erste Details „durchgesickert", brach in der Automobilbranche eine Art technischer Goldgräberstimmung aus. Wenig später verhandelte NSU erste Lizenzverträge.

Leicht gefleddert durfte der Versuchsträger im Verborgenen die Zeiten überdauern. Eine heute leider unbekannte Person hatte es im NSU-Werk nicht über das Herz gebracht, ihn zu verschrotten.

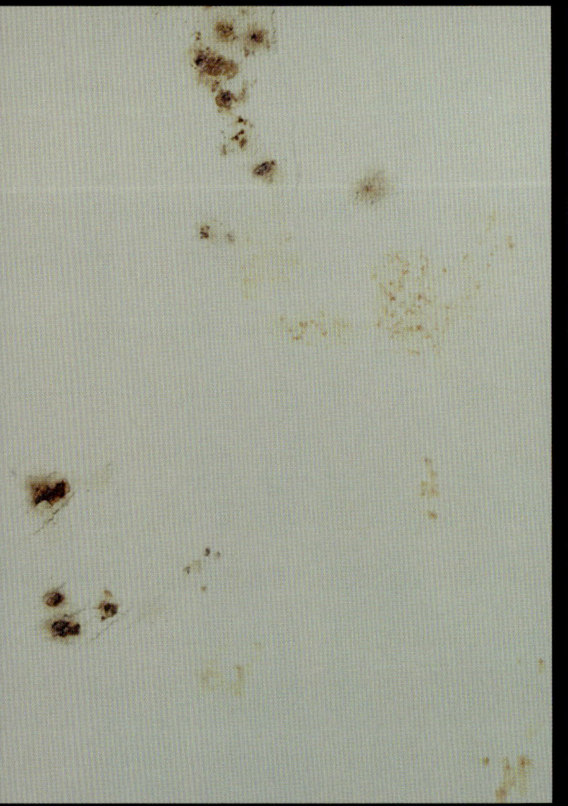

Unter der Motorhaube werkeln neben dem KKM 250 „Leihgaben“ von Fiat, VW und Bosch. Bemerkenswert ist auch der bis 12.000 Umdrehungen reichende Drehzahlmesser. Motorenchef Roder bezeichnete, je nach Stimmungslage, die frühen Kreiskolbenmotoren in breitem mittelfränkischem Dialekt als „Altägyptische Wassermühlen“ oder „Glühende Knödel“.

20 40 60 80 100 120
x100
U/min

Prinz im Renntrimm, Autonova GT, Wankel Spider, Thurner, TT und TTS – am liebsten möchte man sie alle mit auf die Piste nehmen

HN SU 235H

NSU Wankel Spider
NSU Wankel Spider

4H
HN SU 181H
HN SU 590H
HN SU 235H

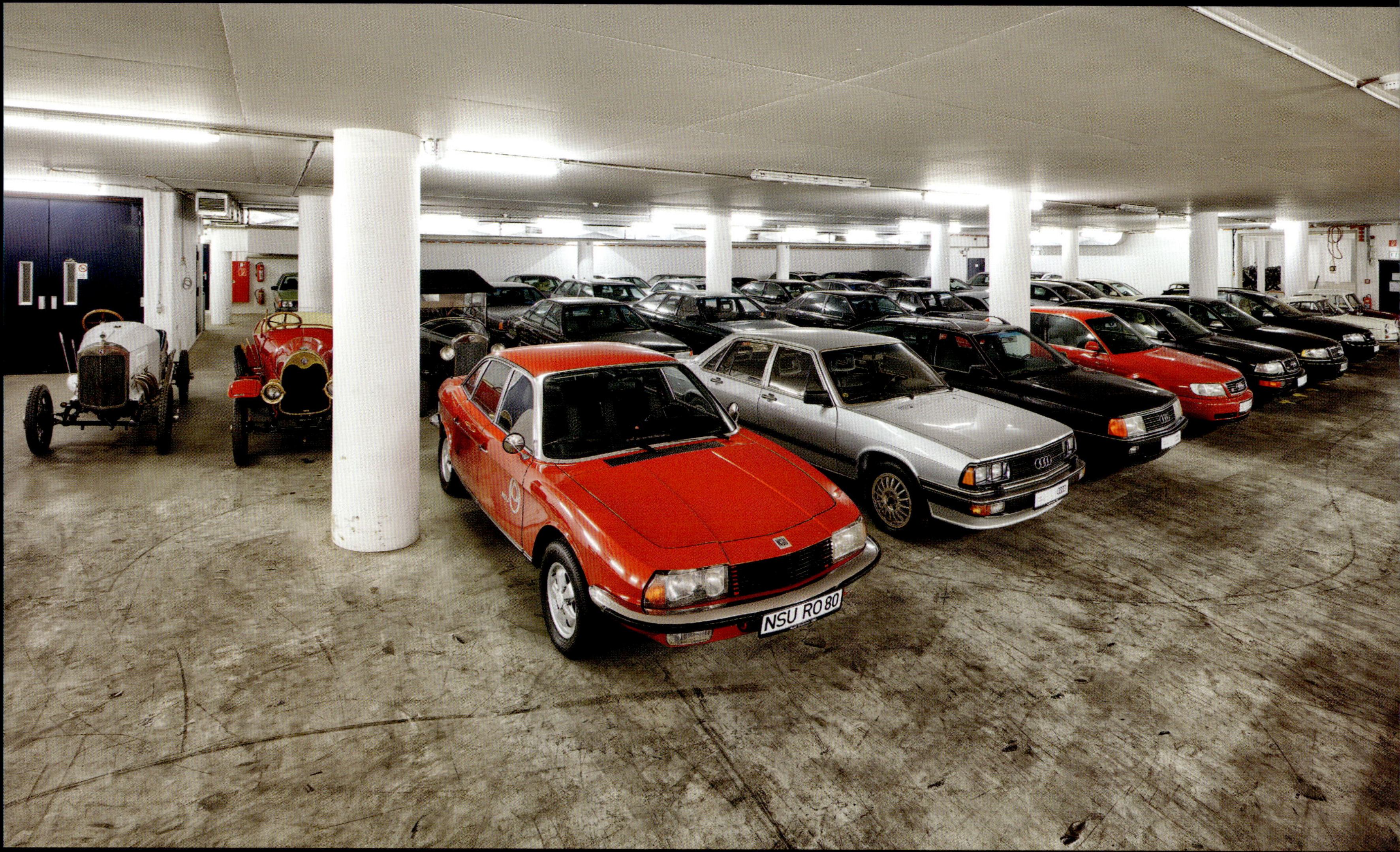
NSU RO80

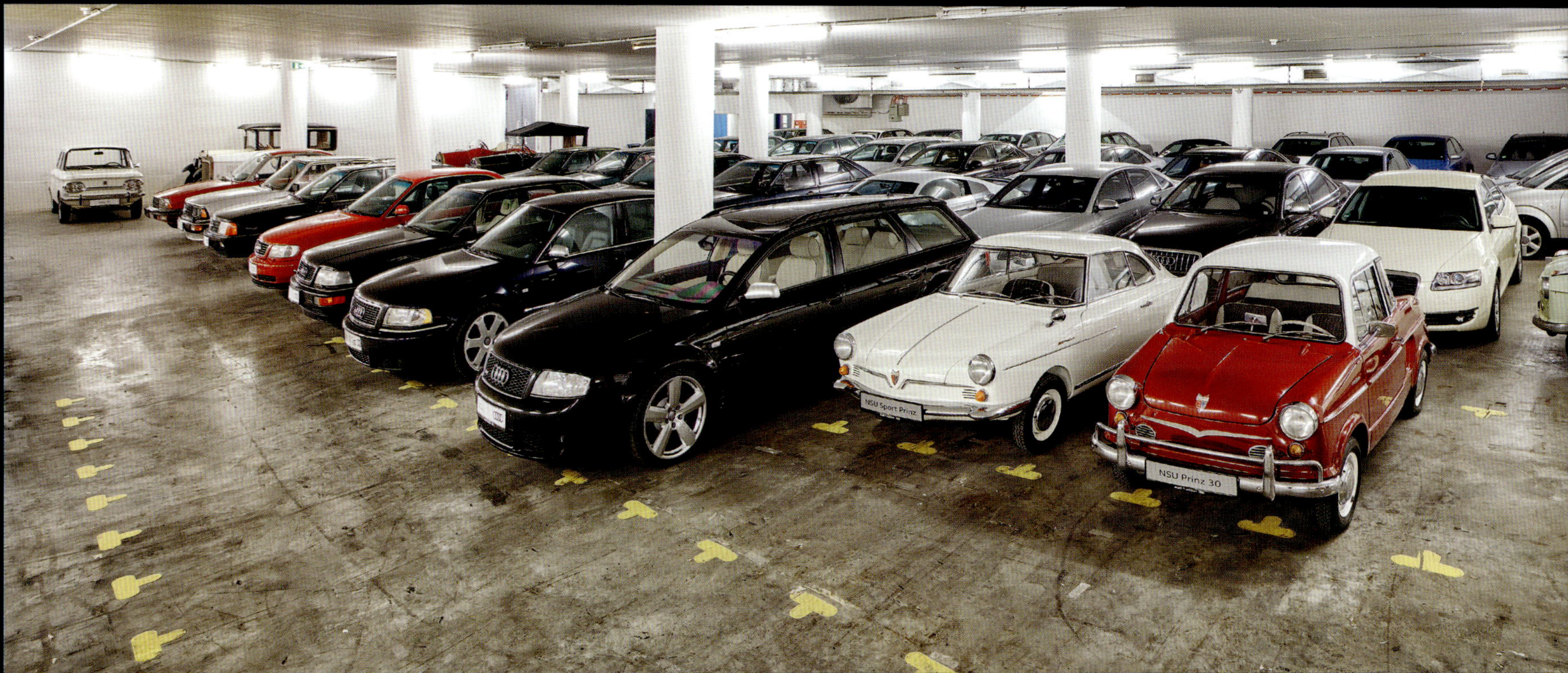
NSU Sport Prinz
NSU Prinz 30

der 6/60 PS Kompressor-Rennwagen von 1926, die 6/30 Limousine und der offene NSU 5/15 PS. Im roten NSU Ro 80 und dem silbernen Audi 200 sind Kreiskolben-Versuchsmotoren eingebaut.

Markengesichter im Wandel der Jahrzehnte. Klassisch-zeitlos im Mittelpunkt der bereits 1963 von Claus Luthe gezeichnete NSU Ro 80.

NSU Prinz 4

HN SU 165H
HN SU 158H
NSU RO 80

NSU „Uruguay“ P6 1969

Motor
Zweizylinder-Reihenmotor, Viertakt
Leistung
55 PS bei 5.500 U/min
Hubraum
1.177 ccm
Höchstgeschwindigkeit
120 km/h
Verbrauch
6,5–7,5 Liter/100 km
Bauzeit
1969–1971
Gesamtproduktion
ca. 500 Stück

QUADRATISCH. PRAKTISCH. GUT?

Anfang 1968 war bei der Firma Quintanar, NSU-Importeur in Montevideo/Uruguay, die Produktion eines Kombi unter Nutzung technischer Baugruppen des Zweizylindermodells NSU Prinz 4 angelaufen. Im Dezember 1968 konnte Quintanar-Chef Soler die Fertigstellung von 140 Exemplaren des reichlich rustikalen Hecktrieblers vermelden. Auf Einladung der NSU-Geschäftsleitung war Soler gemeinsam mit dem Inhaber der chilenischen Firma Federic Saci nach Deutschland gereist, um in Neckarsulm die Möglichkeit der Fertigungsumstellung auf den Vierzylindermotor des NSU 1000 oder die Technik des NSU 1200 zu besprechen.
Während sich das Antriebsaggregat des Prinz 1000 problemlos im Kombi-Heck unterbringen ließ, wäre die Umstellung auf das Fahrwerk des NSU 1200 aufgrund dessen geänderter Vorderachse zu arbeits- und kostenaufwendig geraten. Für diesen Fall plante Soler, gleich mit einem neuen Modell auf den Markt zu kommen. Für Chile rechnete sich der dortige Importeur bessere Absatzchancen durch den hubraumstärkeren 1200er-Motor aus und plante diesen Umbau fest in seine Vermarktungsstrategie ein.

Die Begutachtung der eingereichten Konstruktionsunterlagen durch NSU-Ingenieure fiel überraschend positiv aus, auch wenn man die Karosseriestruktur an einigen Stellen, beispielsweise dem gedoppelten Bodenblech, für viel zu aufwendig hielt. In Uruguay wollte man dagegen sicher gehen, dass der Wagen den dortigen Verhältnissen und Belastungen gewachsen war. Kritisch sahen Dr. Wenderoth und Ewald Praxl von NSU die durch die Achslastverteilung bedingte höhere Beanspruchung der Hinterachse, die eingeschränkte Nutzbarkeit des Laderaums sowie die hohe thermische Belastung der Motoren.

Der letzte Punkt deckte sich mit den Erfahrungen der Importeure. Auf deren Wunsch erhielt der Kombi einen zusätzlichen Ölkühler vom NSU TT 1200. Gegenüber dem NSU 1000 hatte sich das Leergewicht um knapp 90 Kilogramm erhöht, das zulässige Gesamtgewicht war dagegen lediglich um 80 kg angehoben worden. Durch die Erhöhung der zulässigen Achslasten um jeweils 40 kg konnte NSU guten Gewissens eine Zuladung von 390 kg für den Kombi zulassen.

1969 lieferte Quintanar eine „nackte“ Musterkarosserie nach Neckarsulm, die dort im Werk mit der Technik des NSU 1000 komplettiert und zur Prüfung an die LBF in Darmstadt überstellt wurde. Dort beurteilte man den Kombi durchaus positiv, abgesehen von einigen „leicht zu behebenden Beanstandungen“. Die Technische Entwicklung Neckarsulm beanstandete dagegen schlecht schließende Türen und Hauben, mangelhaft ausgeführte Scharniere, mangelhafte Schweiß- und Lötverbindungen, Ausstattungsmängel, schlechte Geräuschdämpfung,

In Südamerika rührte die Firma Quintanar kräftig die Werbetrommel für den hierzulande weitgehend unbekannt gebliebenen Kombi mit NSU-Genen.

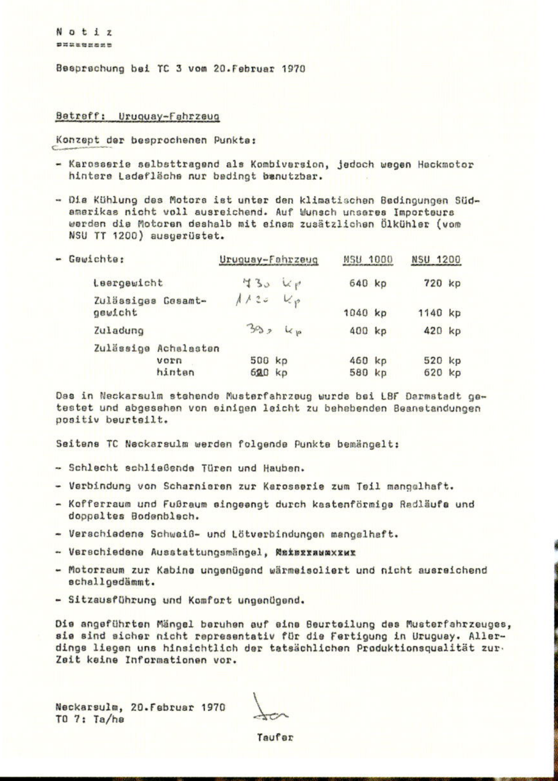

N o t i z

Besprechung bei TC 3 vom 20.Februar 1970

Betreff: Uruguay-Fahrzeug

Konzept der besprochenen Punkte:

- Karosserie selbsttragend als Kombiversion, jedoch wegen Heckmotor hintere Ladefläche nur bedingt benutzbar.
- Die Kühlung des Motors ist unter den klimatischen Bedingungen Südamerikas nicht voll ausreichend. Auf Wunsch unseres Importeurs werden die Motoren deshalb mit einem zusätzlichen Ölkühler (vom NSU TT 1200) ausgerüstet.
- Gewichte:

	Uruguay-Fahrzeug	NSU 1000	NSU 1200
Leergewicht	730 kp	640 kp	720 kp
Zulässiges Gesamtgewicht	1120 kp	1040 kp	1140 kp
Zuladung	390 kp	400 kp	420 kp
Zulässige Achslasten vorn	500 kp	460 kp	520 kp
hinten	620 kp	580 kp	620 kp

Das in Neckarsulm stehende Musterfahrzeug wurde bei LBF Darmstadt getestet und abgesehen von einigen leicht zu behebenden Beanstandungen positiv beurteilt.

Seitens TC Neckarsulm werden folgende Punkte bemängelt:

- Schlecht schließende Türen und Hauben.
- Verbindung von Scharnieren zur Karosserie zum Teil mangelhaft.
- Kofferraum und Fußraum eingeengt durch kastenförmige Radläufe und doppeltes Bodenblech.
- Verschiedene Schweiß- und Lötverbindungen mangelhaft.
- Verschiedene Ausstattungsmängel, [illegible]
- Motorraum zur Kabine ungenügend wärmeisoliert und nicht ausreichend schallgedämmt.
- Sitzausführung und Komfort ungenügend.

Die angeführten Mängel beruhen auf eine Beurteilung des Musterfahrzeuges, sie sind sicher nicht representativ für die Fertigung in Uruguay. Allerdings liegen uns hinsichtlich der tatsächlichen Produktionsqualität zur Zeit keine Informationen vor.

Neckarsulm, 20.Februar 1970
TO 7: Ta/he

Taufer

ungenügende Sitze sowie den wegen kantiger Radkästen und doppelter Bodenbleche eingeengten vorderen Fußraum.

Der Mängelaufstellung folgte die Einschränkung, dass etliche der am Musterfahrzeug bemängelten Schwachstellen sicherlich nicht symptomatisch für die Fertigung in Uruguay wären, zur tatsächlichen Produktionsqualität jedoch keinerlei Information vorläge. Bis 1971 liefen beim Karosseriebauunternehmen Nordex etwa 500 Vierzylinder-Kombis vom Band, dann endete das südamerikanische Abenteuer nach dem Rückzug der Neckarsulmer aus diesem Absatzgebiet beinahe ebenso abrupt wie die Produktion der luftgekühlten NSU-Modelle in Deutschland.

Rechteckig, kantig wie mit dem Lineal gezogen, dabei kaum länger als ein DKW-Geländewagen – trotzdem kann man den NSU Uruguay Kombi beim besten Willen nicht übersehen. Er sticht schon von Weitem ins Auge.

Das Design polarisiert ebenso wie die eingeschränkte Nutzbarkeit durch den hoch bauenden Heckmotor. Nur drinnen schaut alles irgendwie „gewohnt“ aus.

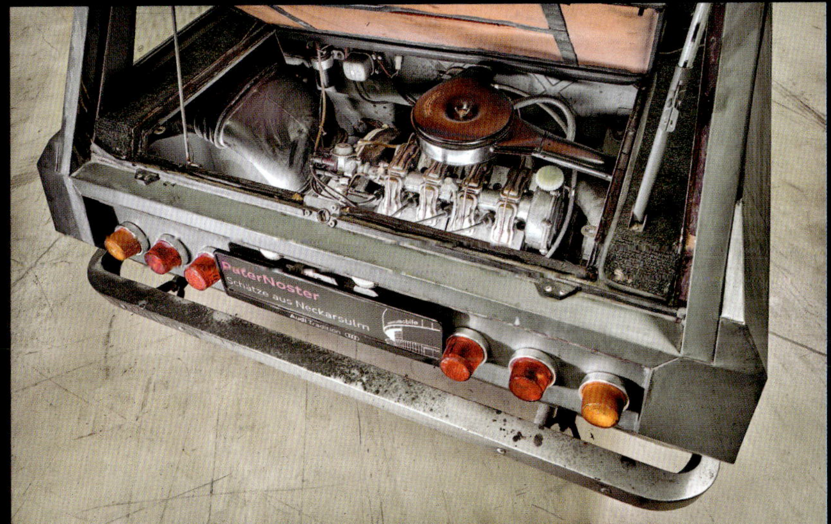
PaterNoster
Schätze aus Neckarsulm

PaterNoster
Schätze aus Neckarsulm

VORSPRUNG DU

RCH TECHNIK

Die 1969 aus der Auto Union GmbH und den Neckarsulmer Motorenwerken AG fusionierte Audi NSU Auto Union AG brannte in den Jahren, die auf ihre Gründung folgten, ein wahres Feuerwerk an Modellneuheiten ab. Im Januar 1971 erschien erstmals der Werbeslogan „Vorsprung durch Technik“, der die Vielfalt des aus der Fusion hervorgegangenen Modellprogramms kommunizieren sollte. Spätestens mit Einführung des Audi quattro wurde der Slogan im Wortsinn „erfahrbar“.

Zwei Generationen Audi 80, ein modellgepflegter Audi 100 der ersten Generation und ein 100 Avant der dritten Baureihe teilen sich den knapp gewordenen Platz mit dem Audi ASF Zwölfzylinder-Showcar und einem serienmäßigen Aluminium-Audi-A8.

Audi 100
A4 Cabr

Aus Altersgründen trennte sich der Kehler Erstbesitzer im Spätsommer 2018 von seinem ersten und einzigen Auto. Als Eisenbahner durfte er kostenlos per Zug reisen und hatte daher den Audi 50 in 43 Jahren gerade einmal 32.604 km bewegt. Der völlig original erhaltene „Schlumpf" wurde vorsichtig wieder fahrbereit gemacht, blieb optisch, bis hin zu Feuerlöscher, Lammfellbezügen und Aufklebern, jedoch unangetastet.

LuK
safety systems
chassis modules
BENTELER
Automotive
Continental
EUROTEC
peguform
IN 09200

Audi 100 5D Weltfahrt 1978

Motor
Fünfzylinder-Reihenmotor, Viertakt Diesel
Leistung
70 PS bei 4.800 U/min
Hubraum
1.986 ccm
Höchstgeschwindigkeit
150 km/h
Verbrauch
10 Liter/100 km
Bauzeit
1978–1982
Gesamtproduktion
55.613 Audi 100 5D Limousinen

REISE UM DIE ERDE IN 66 TAGEN

Im Oktober 1978 stellte Audi auf Schloss Friedrichsruhe bei Öhringen mit dem Audi 100 5D das erste von einem Dieselmotor angetriebene Fahrzeug der Marke vor. Der bei Volkswagen entwickelte Fünfzylinder-Wirbelkammermotor hatte 1986 ccm Hubraum und leistete bei 4.800 U/min 51 kW/70 PS; das maximale Drehmoment betrug 129 Nm bei 3.000 U/min. In 17,5 Sekunden schwang sich der konsequent nach Leichtbauprinzipien entworfene, dennoch als Diesel über 1.200 Kilogramm schwere Audi zu Tempo 100 auf. Mit gefühlt endlosem Anlauf war eine Spitze von gut 150 km/h erreichbar. Die optional erhältliche Dreigang-Wandlerautomatik kastrierte die Beschleunigungswerte noch einmal deutlich, wirkte sich erstaunlicherweise jedoch nicht auf die Höchstgeschwindigkeit aus.

Zum Beweis der Leistungsfähigkeit und Zuverlässigkeit des ersten Audi-Dieselfahrzeugs dachte man im Vorfeld des Pressetermins über einen „Paukenschlag" nach. Jörg Bensinger, Leiter des Fahrversuchs bei Audi brachte die Idee einer Demonstrationsfahrt rund um den Globus ins Spiel und durfte diese, ob seiner Zuständigkeit für die traditionellen Sommer- und Wintererprobungsfahrten, dann auch mit seinen Mitarbeitern planen.
Als Teilnehmer wurden ausgewählt: Bodo Grosch, freier Journalist. Toni Hauf, einer von Bensingers besten Mechanikern. Egon Burow, Techniker und Dieselspezialist bei VW und Hans-Joachim Grabe, ebenso Techniker in Wolfsburg, der Burow für den zweiten Teil der Reise ab Australien ersetzte. Dazu kam noch Bensinger, nach eigenem Bekunden „unruhiger Geist mit einem Schuss Abenteuerlust im Blut".

Die Vorbereitungen in Zeiten vor Internet oder Satellitennavigation kosteten Zeit und Nerven, galt es doch, neben Kartenmaterial und Reiseführern, Schiffspassagen und Charterflüge für den Sprung von Kontinent zu Kontinent zu buchen, Visa zu beantragen und einen eng getakteten Zeitplan aufzustellen, den es unbedingt einzuhalten galt.
Gleichzeitig wurden die beiden Audi 100 für die Langstreckenfahrt präpariert. Neben dem serienmäßigen Schlechtwegepaket erhielt der Kraftstofftank einen Unterschutz, die Federbeindome doppelte Verstärkung, Brems- und Kraftstoffleitungen wurden in den Innenraum verlegt. Anstelle der Stoßstangen fand sich an der Fahrzeugfront ein massiver Rammbügel, an dem zusätzlich ein Sandblech befestigt war, am Heck ebenso ein Sandblech, das im Notfall auch als Prallelement dienen konnte.

Am 21. August 1978, früh um fünf Uhr, starteten zwei aufgerüstete Audi 100 ohne viel Aufsehen und ohne großen Bahnhof vom Hof der Technischen Entwicklung im Werk Ingolstadt. 66 Tage standen für die Bewältigung der errechneten 30.500 Kilometer

Die Route der Diesel-Weltfahrt, geplant vom Leiter des Fahrversuchs, Jörg Bensinger, der nach strapaziösen Wochen hier schon wieder lächeln kann.

Bis auf das nachträglich inszenierte Foto von der Abfahrt aus der Technischen Entwicklung im Werk Ingolstadt sind alle anderen Aufnahmen „echt“ und nicht gestellt.

zur Verfügung, denn am 25. Oktober mussten die Weltreisenden zur Präsentation des Audi 100 5D vor Journalisten und der internationalen Motorpresse zurück in Öhringen sein.

Die erste Landetappe führte via Österreich und Jugoslawien nach Griechenland. Von dort aus führte die Reise über Istanbul zur iranischen Grenze, die am 25. August morgens erreicht wurde. Am 28. wurde die afghanische Grenze passiert, am 30. die Grenze zu Pakistan vor dem Khyberpass und nur einen Tag später stand die Einreise nach Indien bevor. Bangkok erreichten Reisende wie Autos auf dem Luftweg per Frachtflugzeug. Für die anschließenden 2.600 Kilometer bis Singapur blieben lediglich 48 Stunden Fahrzeit übrig, zwei volle Tage waren auf dem Flughafen benötigt worden, um alle Formalitäten zu erledigen und beide Audis wieder in Empfang nehmen zu können. Nach 36-stündiger Dauerfahrt war der Zoll in Singapur erreicht. Bereits am nächsten Tag stand erneut die Verladung ins Flugzeug an, Autos und Besatzung hoben um 22 Uhr nachts in Richtung Darwin, Australien ab. Von dort aus wurde innerhalb von sieben Tagen der australische Kontinent durchquert, um von Sidney aus per Flugzeug Santiago de Chile anzusteuern.
Auf dem Landweg nach Argentinien stellte die Überquerung der Anden die nächste größere Herausforderung dar; von Buenos Aires aus führte die Route via Montevideo in Uruguay nach Brasilien. Auf dem Weg zur Grenze kam es zum einzigen größeren Unfall während der gesamten Reise. Einer der beiden Wagen büßte nach einem spektakulären Ausweichmanöver die linke vordere Radaufhängung an der gerammten Bordsteinkante ein. Da die benötigten Ersatzteile nicht vorhanden waren, musste das Federbein provisorisch geschweißt, der abgeknickte Querlenker in einer Schmiede warm gerichtet werden. Am 6. Oktober konnte die gebeutelte und übernächtigte Reisegruppe endlich nach Brasilien einreisen.

Fünf Tage später brachte eine Frachtmaschine der Lufthansa die Expedition mit Zwischenlandung in Dakar nach Lagos in Nigeria. Vor der Reise in den Niger und der anschließenden Durchquerung der Sahara waren alle nicht notwendigen Dinge aus den Fahrzeugen geräumt worden; Wasser- und Dieselvorräte nahmen ihren Platz ein. Mit deutlichem Übergewicht begann die 1.300 Kilometer lange Fahrt zur Grenze, und am darauffolgenden Tag die Tortur nordwärts, auf den Waschbrettpisten der Sahara. Nach 470 Kilometern war bei Gluthitze Agadez erreicht. Hinter Agadez begannen die Sandpisten und die folgenden 250 Kilometer konnten nur mit unzähligen Einsätzen von Schaufeln, Sandblechen, Bergehilfen und pneumatischen Hebesäcken bewältigt werden. Eingedrungener Sand zwang zu einer Kupplungsreparatur, die den Zeitplan ebenso empfindlich durcheinanderwarf, wie die Schikanen beim Grenzübertritt nach Algerien. Nach sechseinhalb Stunden Fahrzeit mit einer Durchschnittsgeschwindigkeit von 60 km/h war auch die Wellblechpiste nach Tamanrasset bezwungen und hinter „Tam" gab es eine gut ausgebaute Asphaltstraße nach El Golea, in Richtung Norden. Außer der versandeten Kupplung und losvibrierten, danach verlorenen Schrauben hatte es an beiden Audi keine Schäden gegeben. Die Technik hatte, auch bei unerwartet hohen Außentemperaturen, zuverlässig durchgehalten.

Der Endspurt begann am 22. Oktober mit 600 km Fahrt über das Atlasgebirge nach Algier, von wo aus für den 23. und 24. Oktober sicherheitshalber zwei separate Schiffspassagen nach Marseille gebucht worden waren. Das französische Schiff wurde jedoch bestreikt und blieb im Hafen liegen, das zweite, unter algerischer Flagge fahrend, lief am 24. mit zweieinhalbstündiger Verspätung aus und steuerte dann auch noch Barcelona anstatt Marseille an. Am 25. Oktober um 9.45 Uhr waren endlich beide Audi ausgeladen und machten sich, unter Missachtung aller Verkehrsregeln, so schnell es ging auf den Weg nach Frankreich, wo in Avignon die beiden von Algier zum ursprünglichen Zielhafen Marseille vorausgeflogenen Techniker eingesammelt werden konnten. Um 21 Uhr war die deutsche Grenze bei Mulhouse erreicht, um 23.53 Uhr kamen die Weltreisenden in Schloss Friedrichsruhe bei Öhringen zum Presseempfang an.

In insgesamt 66 Reisetagen wurden 30.800 Kilometer zurückgelegt, davon verbrachten beide Teams 40 Tage auf Achse mit einem Tagesdurchschnitt von 770 Kilometern. Der Verbrauch an Dieselkraftstoff betrug, trotz Überladung und der Quälerei in der Wüste, 10,2 l/100 km, dazu addierte sich noch der Motorölverbrauch von 0,2 l/1.000 km.

IN-NM 8
Audi 100 5D WELTFAHRT AUF CONTI.
Continental

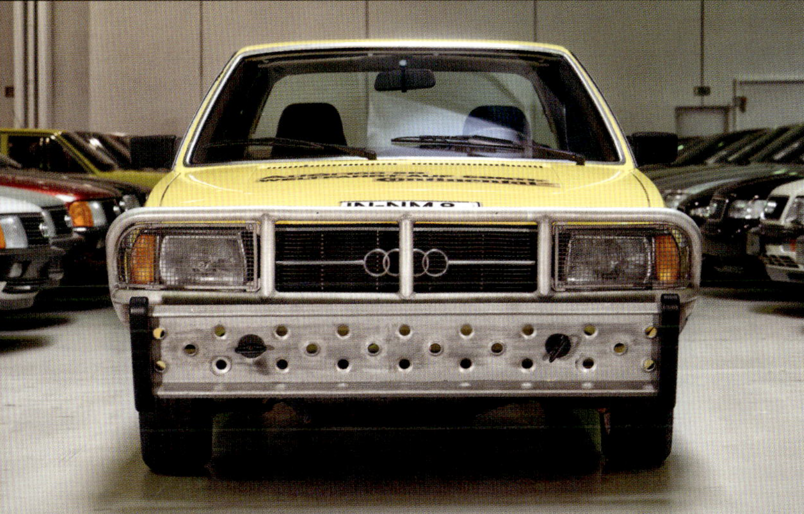

Kuhfänger, Sandbleche und ein höhergelegtes Fahrwerk sind die auf den ersten Blick wahrnehmbaren Teile der Vorbereitungen zur Weltfahrt im brandneuen Audi 100 mit Fünfzylinder Dieselmotor

Zwei Fahrzeuge umrundeten von Ingolstadt die Welt und kamen, auch ohne Satellitennavigation und Funktelefonie, „just in time" zur Weltpremiere des neuen Modells in Schloss Friedrichsruhe bei Öhringen an.

HELIX

AUDI 100 5D
WELTFAHRT AUF CONTI.
Continental
M8
Audi Tradition

HB AudiTEAM
TDI
IN-NR 11

Die zweite, dritte und vierte Parkreihe gehört den Showcars und Studien. Das Cabrio-Showcar von der IAA 1988 ist hier ebenso zu finden wie das fahrbereite Chassis des Audi quattro Spyder oder aus jüngerer Zeit der Audi Nanuk quattro.

Eine nagelneue Rohkarosserie für den Sport quattro fand sich, 35 Jahre nach Produktionsende, sicher abgestellt und wohlbehütet mitten im Werk Ingolstadt.

Audi quattro.
Audi quattro.

Motor
Vierylinder-Reihenmotor,
Viertakt mit Abgasturbolader
Leistung
110 PS bei 5.700 U/min
Hubraum
1.600 ccm
Höchstgeschwindigkeit
ca. 180 km/h
Verbrauch
8 Liter/100 km
Bauzeit
1981
Gesamtproduktion
2 Prototypen

DER UMWELT ZULIEBE: AUDI FOR FUTURE

1978 legte das Bundesministerium für Forschung und Technologie ein Forschungsprogramm auf, mit dem die Entwicklung von Kraftfahrzeugen gefördert wurde, die gegenüber bisherigen Fahrzeugen insbesondere unter Aspekten der Energie- und Rohstoffeinsparung sowie Umweltfreundlichkeit und Wirtschaftlichkeit deutliche Vorteile zeigten und großserientauglich sein sollten. Als einer von drei deutschen Automobilherstellern beteiligte sich Audi an diesem Projekt.

Ziel der Ingolstädter Ingenieure war dabei, zu zeigen, dass weiterentwickelte Technik ein sparsames und umweltfreundliches Fahrzeug der gehobenen Mittelklasse ermöglicht. Erreicht wurde das zum einen durch die aerodynamisch optimierte Karosserie, deren Luftwiderstandsbeiwert 0,30 betrug, zum anderen durch einen aufgeladenen Vierzylinder-Vergasermotor, der auf hohe Leistung bei verbrauchssenkenden niedrigen Drehzahlen ausgelegt war. Nicht ganz unbeteiligt an dieser Charakteristik war der zwischen Vergaser und Einlasskanal angeordnete „nasse" Turbolader, der das vom Vergaser gelieferte Gemisch mechanisch und thermisch besonders homogen aufbereitete. Feinste Kraftstofftröpfchen sollten dadurch besser in den gasförmigen Zustand übergehen. Der auf diese Art mögliche Magerbetrieb führte zu äußerst geringen Verbrauchs- und Schadstoffwerten.

Die aerodynamisch ausgefeilte Karosserie prunkte mit flächenbündigen, verklebten Front- und Heckscheiben sowie bündig geführten Kurbelfenstern. Die stählerne Sicherheitszelle wurde gezielt crashoptimiert, trug verschraubte Leichtmetall-Kotflügel und ein verklebtes Sandwichdach. Der Wagenboden bestand aus einer einteiligen Faserverbund-Sandwichplatte mit Polyurethan-Hartschaumkern und schloss die bei konventionellen Aufbauten immer besonders korrosionsgefährdeten Türschweller mit ein. Die Vormontage einschließlich Bodenteppichen, Leitungen und Sitzen konnte außerhalb des Fahrzeugs erfolgen. Die komplette Baugruppe wurde dann in einem Stück von unten in die Karosseriestruktur gesetzt!

Die Antriebsaggregate saßen in einer schalldämmenden Kapselung, die oben von der gezielt verformbaren Aluminium-Sandwich-Motorhaube abgedeckt wurde. Lediglich der Kühler befand sich außerhalb der Motorkapsel. Die Außengeräusche ließen sich durch diese Maßnahmen nahezu auf das Abrollgeräusch der Bereifung reduzieren. Airbags, Dreipunktgurte, Kniepolster, integrierter Kindersitz und Verstärkungen sowie Schutzpolster in den Türen dienten der passiven Sicherheit.

Bei aktiven Sicherheitsaspekten setzte Audi auf Frontantrieb, negativen Lenkrollradius, diagonal

Das Konzept eines kleinvolumigen, aufgeladenen Motors war seiner Zeit ebenso voraus wie die Motorkapselung zur Unterdrückung von Lärmemissionen.

Das Audi BMFT-Forschungsauto nimmt viele Details der 1982 vorgestellten dritten Generation des Audi 100 vorweg.

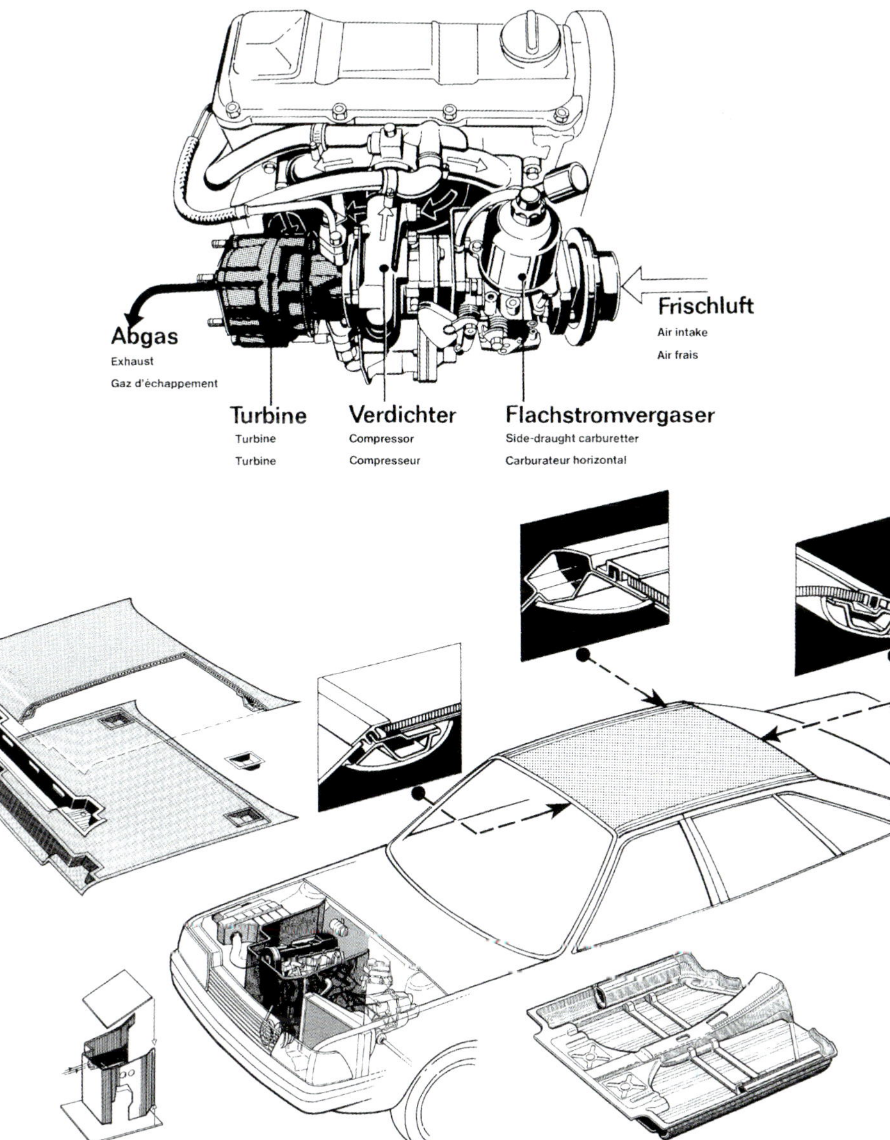

aufgeteilte Zweikreisbremsen sowie eine niveauregulierbare Hinterachse, die das Fahrzeug unabhängig von der Beladung in waagerechter Lage hielt. Der Fahrer konnte auf ein Fahrzeug-Informationssystem zugreifen, das Luftdruckabfall, Bremsbelagverschleiß oder zu geringen Motorölstand anzeigte. Ein „Bordrechner“ informierte über Zeit, gefahrene Wegstrecke, Verbrauch und Durchschnittsgeschwindigkeit.

Auf der IAA 1981 stand das Forschungsauto auf dem Audi-Messestand. Im darauffolgenden Jahr belegte die dritte Generation des Audi 100 bei ihrer Vorstellung eindrucksvoll, wie eng sich Konzeptfahrzeug und Serienprodukt in vielen technischen Aspekten einander angenähert hatten.

IN-NJ 66

Strömungsgünstig und innovativ ist das Forschungsauto ja, das ein Bindeglied zwischen der zweiten und dritten Generation des Audi 10 darstellt. Ob man es wirklich „schön" nennen kann, liegt allein im Auge des Betrachters.

Das Interieur, das Innovationen wie einen frühen Bordcomputer verbirgt, wirkt aus heutiger Sicht reichlich skurril. Stoffbezogene Seitenverkleidungen und Türbrüstungen fanden sich – wenn auch mit dezenteren Webmustern – auch in der dritten Generation des Audi 100 wieder.

Audi V8 L Typ D1

„Früher war alles bunter" – diese Aussage mag für die Siebzigerjahre stimmen, in den Achtzigern waren bereits deutlich gedecktere Lacktöne angesagt.

Fahrleistung
1.000.000
Audi 100

Neben dem Gewimmel der Serienmodelle parken Studien und Showcars der letzten Dekaden in Reih' und Glied. Gelb: Audi TT Offroad Concept, silber: Audi Cross Coupé quattro, in terrakotta ein früher Audi e-tron.

BOMBE AUDI TT
IN TD 1990
Audi Tradition
IN EL 94

Bei mittlerweile acht Modellgenerationen der C-Baureihe kommen etliche Audi 100 und A 6 zusammen. Darunter verbergen sich Raritäten wie der vollelektrische weiße Audi 100 C4 oder der James-Bond-200er mit Wiener Kennzeichen – das originale Filmauto aus „The Living Daylights / Der Hauch des Todes".

LuK
KUPPLUNGEN
CLUTCHES
EMBRAGUES
EMBREAGENS
LuK

„Schöne Kombis heißen Avant." Ab dem Audi 80 der vierten Generation gab es den Lifestyle-Kombi auch im B-Segment.

Fahrleistung:
1.000.000
Kilometer
Audi 100

Eine Million Kilometer mit dem ersten Motor. Bei regelmäßiger Wartung ist der legendäre Fünfzylinder nahezu unzerstörbar.

Cw 0 198

Links von der Bildmitte versteckt sich ein stark modifizierter, aerodynamisch optimierter Audi 80 B2, der im französischen Windkanal von Saint Cyr mit c_w=0,198 gemessen wurde.

Oben:
Das polierte Audi ASF-Showcar mit dem ersten Achtzylinder-TDI, vorgestellt auf der IAA 1993.

quattro

NEUE

DIMENSIONEN

Mit den leistungsstarken Modellen der Baureihen S 2 und S 4 hatte Audi Anfang der 1990er-Jahre für jeden Geschmack ausgesprochen sportliche Fahrzeuge im Programm.
Der 1994 auf den Markt gebrachte Audi Avant RS2 sollte mit seinem Hochleistungstriebwerk den Höhepunkt und gleichzeitig das Ende der Fünfzylindermotoren im Unternehmen markieren.

Audi RS2 Limousine 1995

Motor
Fünfzylinder-Reihenmotor,
Viertakt mit Abgasturboaufladung
Leistung
315 PS bei 6.500 U/min
Hubraum
2.226 ccm
Höchstgeschwindigkeit
262 km/h
Verbrauch
12 Liter/100 km
Bauzeit
1994–1995
Gesamtproduktion
2 Stück

EIN METEOR AM AUDI-FIRMAMENT

Im März 1989 konnten Besucher des Genfer Automobilsalons den neuen Audi 200 quattro 20 V erstmals in Augenschein nehmen. Das Spitzenmodell der Baureihe befeuerte ein neu entwickelter aufgeladener 2,2-Liter-Vierventil-Fünfzylindermotor mit 162 kW/220 PS Leistung. Das legendäre Triebwerk des Sport quattro hatte bei dessen Konzeption Pate gestanden.

Ab Herbst 1989 ersetzte dieser Vierventil-Turbo zudem den 147 kW/200 PS starken Zweiventilmotor im Audi Urquattro. Im August 1990 folgte das Audi S 2 Coupé, im November 1992 kündigte Audi den S 2 Avant an, der ab Februar 1993 mit einer auf 169 kW/230 PS leistungsgesteigerten Variante des Grundmotors bestellt werden konnte. Ihm folgte im Juli 1993 die Audi S 2 Limousine. „S" stand bei allen diesen Modellen für „Sportlich" und zitierte die legendäre Rallyeversion des Sport quattro, die als „S 1" im Rallyezirkus mit spektakulären Auftritten für Aufsehen gesorgt hatte.

In Kooperation mit Porsche entstand, als Weiterentwicklung des Audi S 2 Avant, der Avant RS2, der ausschließlich unter diesem Namen, also ohne vorangestellte Herstellerbezeichnung, vertrieben wurde. Für den Bau dieses Hochleistungskombis war eigens die Arbeitsgemeinschaft (ARGE) Audi–Porsche gegründet worden, die auch als Hersteller Eintrag in den Fahrzeugpapieren fand. Im Kraftfahrzeugbrief stand zusätzlich die recht prosaische Typbezeichnung „P 1".
Während Porsche-Chef Wiedeking den Avant RS2 als Auftragsfertigung im Rahmen der Porsche Engineering GmbH betrachtete, lobte Audi-Vorstand Kortüm das Sportwagen Joint Venture als „Startschuss eines umfangreichen Gemeinschaftsunternehmens". Zur Internationalen Automobilausstellung in Frankfurt war nur noch von der „Kooperation zweier Hersteller" die Rede. In Anbetracht des bevorstehenden Modellwechsels zum Audi A 4 hatte die ARGE ein Produktionsvolumen von 2.200 Fahrzeugen geplant.

Leistungssteigerung, die Anpassung von Fahrwerk und Bremsen sowie Detailänderungen an Karosserie, Stoßfängern und Außenspiegeln erfolgten konstruktiv ebenso bei Porsche wie die Montage des Wagens im sogenannten Zuffenhausener „Rösslebau". Audi lieferte aus dem Werk Ingolstadt die komplette, lackierte und verglaste Karosserie einschließlich der verstärkten Radaufhängungen zu, das Konzern-Motorenwerk Salzgitter den Grundmotor ohne Anbauteile. Dessen Komplettierung mit Saugrohr, Abgaskrümmer und Turbolader übernahm wiederum Porsche, ebenso den Einbau der Vierkolben-Sportbremsanlage aus dem Porsche 968 CS, die in Verbindung mit Bremsscheiben aus dem Porsche 993 turbo exzellente Verzögerungswerte garantierte.

Im Vergleicht mit dem Avant RS2 und dessen aggressiven, von Porsche entlehnten Stylingzitaten wirkt die Audi S 2 Limousine vergleichsweise bieder. Daran können auch die mittlerweile zur Stilikone avancierten Felgen im Avus-Design nicht viel ändern. Was für eine Duftmarke hätte eine limitierte Auflage der „Limousine RS2" zum Ende der Audi-80-Baureihe wohl setzen können? Träumen darf erlaubt sein …

Die Produktionseinstellung von B 4 Avant und B 3 Coupé machte der Idee einer ganzen „RS2-Familie“ ein schnelles Ende. Auch die RS4-Limousine aus dem Jahr 1994 blieb nur ein Gedankenspiel.

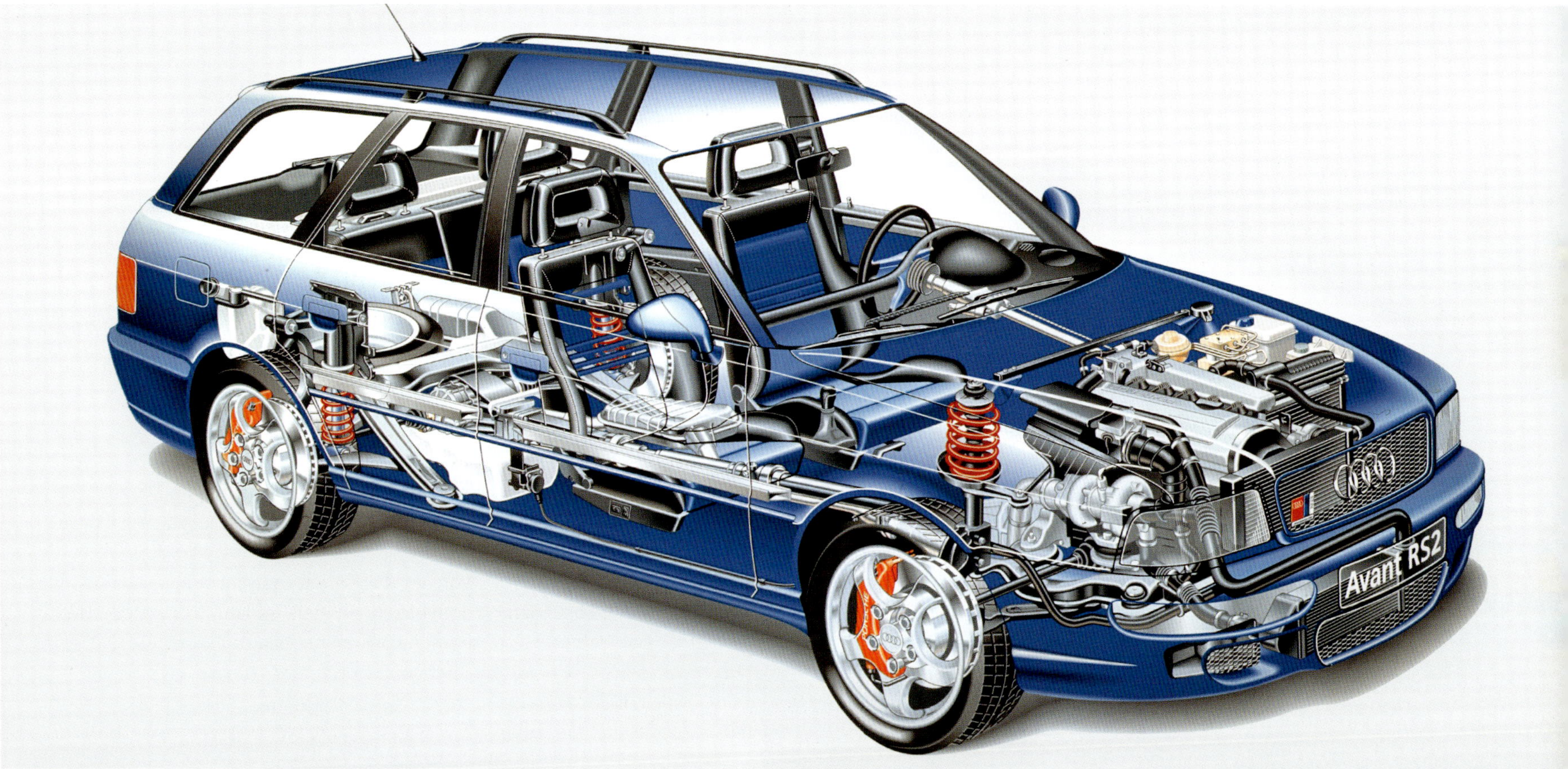

Mit 232 kW/315 PS Leistung bei einem Ladedruck von 1,4 bar und bulligen 410 Nm Drehmoment bei 4.000 U/min trieb die letzte und höchste werksseitige Evolutionsstufe der Fünfzylinder-Turbomotoren den familientauglichen Sportkombi in 5,8 Sekunden auf Tempo 100 km/h und erlaubte eine Spitzengeschwindigkeit von 262 km/h! Von März 1994 bis August 1995, dem Produktionsende des Basismodells Audi 80 Avant, fertigte die ARGE Audi-Porsche 2.908 Exemplare des Avant RS2.

Weitgehend unbekannt blieben die versuchsweise aufgebauten RS2 Limousinen sowie die Studien des RS2 Coupé und des RS4, der Adaption des Antriebsstrangs in eine S-4-Limousine der C-Baureihe (Audi 100).
Zwei Limousinenprototypen entstanden bei Audi durch den Umbau serienmäßiger S 2 Limousinen; zwei weitere derartige Fahrzeuge baute ein Entwicklungspartner auf. Mit den Werksferien 1994 endete bei Audi die Produktion der Audi 80 Limousine, womit einer möglichen RS-Variante im wahrsten Sinn die Grundlage abhandengekommen war. Da sich schon die S 2 Limousine nur in homöopathischen Stückzahlen hatte absetzen lassen, es wurden gerade einmal 306 Exemplare verkauft, erübrigten sich alle weitergehenden Gedankenspiele bezüglich eines RS-Derivats der Limousine.

Die Coupévariante hätte sicherlich deutlich bessere Absatzchancen am Markt gehabt, doch senkten die Verantwortlichen bei Porsche den Daumen, da ein RS2 Coupé den Zuffenhausener Produkten auf dem Markt womöglich gefährlich geworden wäre.

Von der RS4 Limousine – nicht zu verwechseln mit dem gleichnamigen, im Jahr 2000 vorgestellten Kombi der B-Reihe – sind außer einigen Studiofotos keinerlei Informationen überliefert. Mit der Produktaufwertung des Basismodells und dessen Umbenennung von Audi 100 in Audi A 6 im Sommer 1994 begann bei der quattro GmbH die Entwicklung des Audi S 6 plus, einer leistungsgesteigerten Variante des S 6 4.2 mit 240 kW/326 PS starkem 4,2-Liter-Achtzylindertriebwerk. Heute lässt sich nur vermuten, dass damit die Idee des RS4 zu den Akten gelegt wurde.

Audi
Tradition

Leicht, agil und bärenstark motorisiert – der RS2 hätte sicher auch als Limousine das Zeug zum Hecht im Karpfenteich gehabt.

ABUS 20,5
invent

IN TT 647

Design- und Technikmeilensteine: Audi quattro Spyder von 1991. Audi A 8 Coupé aus dem Jahr 1995. Audi TT quattro Sport, mit 1.168 gebauten Fahrzeugen einer der begehrenswertesten Ur-TT, und der 2004 erprobte Audi A 2 mit Brennstoffzelle.

Das kommt dabei heraus, wenn Ingenieure und Techniker von der Leine gelassen werden und sich ungehindert austoben dürfen: unter Regie der quattro GmbH fand der Antriebsstrang des Audi RS 4 Platz in der eng geschnittenen Hülle des ersten Audi TT. Es blieb leider bei einem Einzelstück mit atemberaubendem Auftritt und ebensolchen Fahrleistungen.

V6
BITURBO

Der erste Audi TT ist eine Ikone in der Unternehmensgeschichte.
Der Audi A 2 kam zur falschen Zeit auf den Markt und erlebte erst später die Anerkennung, die ihm bei der Markteinführung versagt blieb.
Der papayaorange A 2 lief noch bis vor kurzem im internen Neckarsulmer Werksverkehr; schon deswegen bemerkenswert, da es sich um ein in Handarbeit aufgebautes Vorserienfahrzeug der Colour Storm Edition handelt.

CO8

Audi quattro GmbH

Audi quattro GmbH
quattro
Audi quattro GmbH

Auf dieser Aufnahme entspricht lediglich das weiße TT Coupé weitgehend dem Stand der Serie.

Dynamic Sculptures
IN RS 4003

Audi A4 B8
Audi A4 B7

Ein Unikat blieb der Audi A 3 allroad quattro mit passend gestaltetem „Dach-Sarkophag“. Vertrieb und Marketing räumten einem derart aufwendigen und teuren Modell keine Marktchancen ein.

Audi 100 5D
WELTFAHRT AUF CONTI.
Continental
V6

ABUS 25t
Audi Q7 V12 TDI

Traum in weiß: Der Audi Q 7 Coastline mit Mahagonieinlagen im Laderaum und dem gewaltigen Sechsliter-V12-TDI unter der Motorhaube. Bei aufgehobener Abregelung bewegten sich die Fahrleistungen auf Sportwagenniveau.

Audi e-tron quattro
Carbon

Dieselsportler. Nur mit Zaubertricks ließ sich der gewaltige V12-TDI aus dem Q 7 in den engen Motorraum des Audi R 8 implantieren. 500 PS Leistung und 1.000 Nm Drehmoment garantierten „Fahrvergnügen pur“.

An Supersportwagen herrscht kein Mangel. Vom R 8 4.2 bis zum Zehnzylinder GT plus ist so ziemlich alles aus der Baureihe vertreten. Selbstverständlich auch R 8 LMS aus dem Kundenrennsport – darunter sogar ein straßentaugliches Exemplar!

31
30
29

Filmikone: Der Audi RSQ aus dem 2004 herausgekommenen Science-Fiction-Film „I, Robot".

Flügeltüren, Xenonlicht und die extrem geduckte Fahrzeuglinie verleihen dem RSQ einen seinerzeit noch ungewohnt aggressiven Ausdruck.

Audi A4 B6

Zukunft war gestern … LED-Rückleuchten und digitales Cockpit sind längst Stand der Serie geworden. Nur die Steuerhörner haben es, ebenso wenig wie die Radkugeln, auf die Straße geschafft.

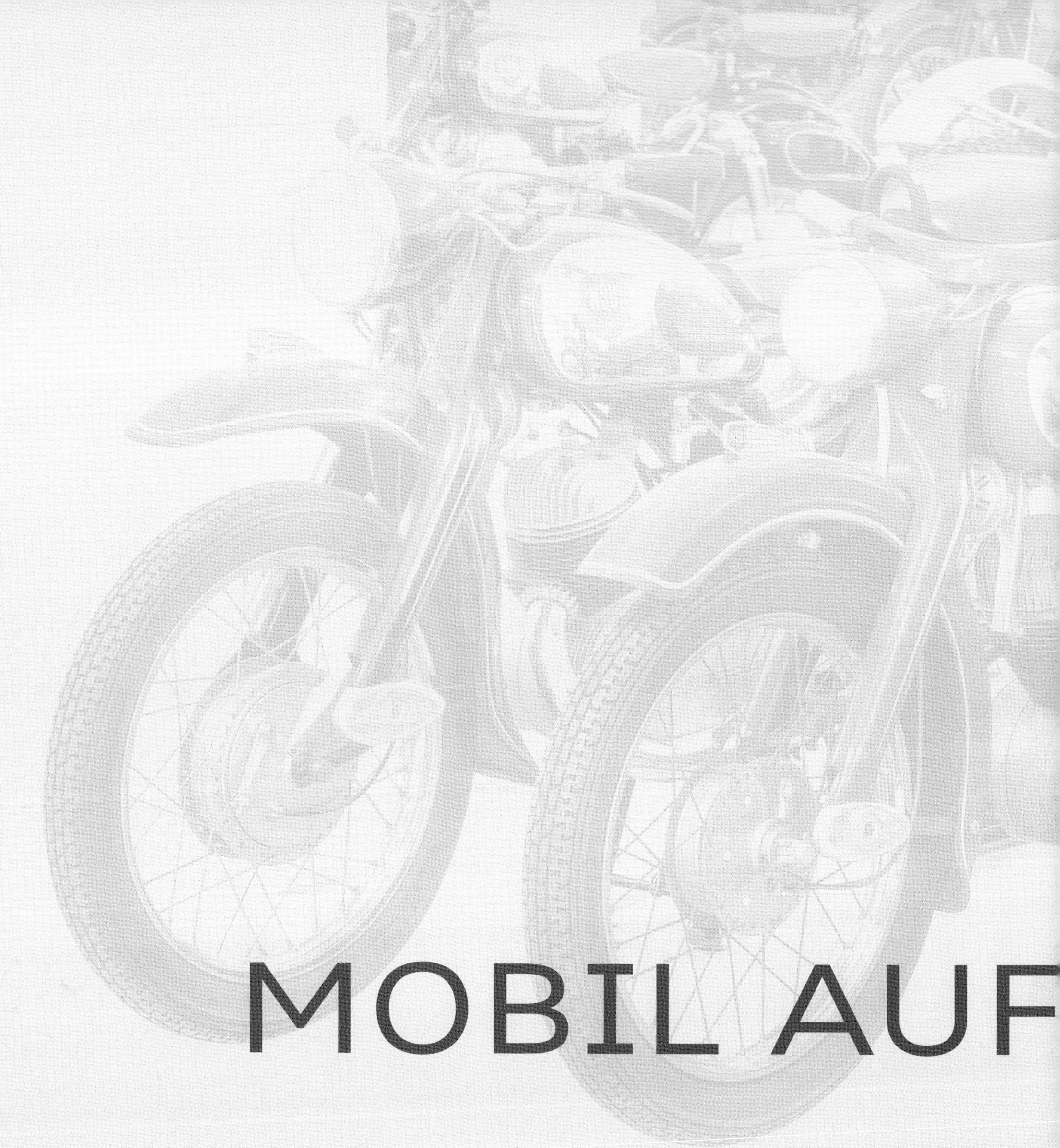

MOBIL AUF

ZWEI RÄDERN

Bei NSU wurden ab dem Beginn des Zwanzigsten Jahrhunderts motorisierte Zweiräder hergestellt. Die Vielzahl ist Legion – allein vom NSU Quickly lief 1959 das einmillionste Exemplar von Band.

Geländemax-Gespann, Scrambler, Quickly Cavallino, 350 OSL –
In den Fünfzigerjahren war NSU zeitweise die größte Motorradfabrik der Welt. Die Zweiradkrise machte all dem ein schnelles und brutales Ende!

NSU

5015-1928
NSU
12

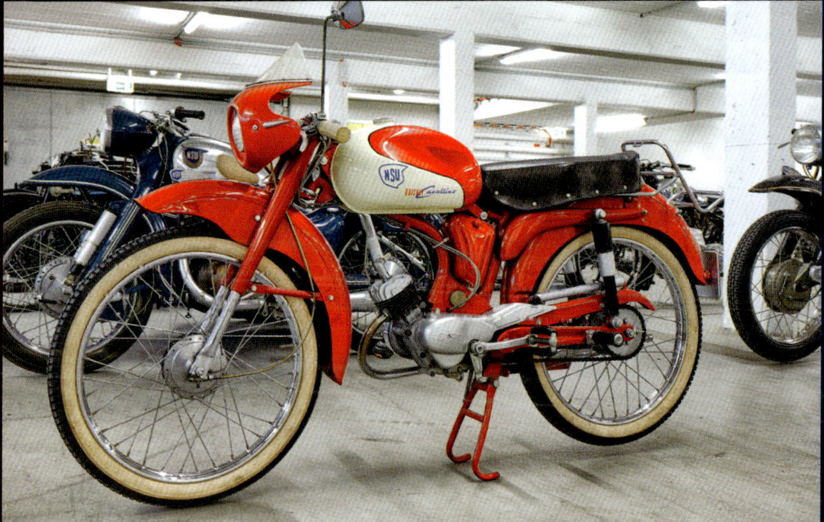
NSU

121
WH-281226

Wer zählt die Typen, nennt die Namen? Allein die NSU Quickly wurde über eine Million Mal gebaut, und die Gesamtzahl aller zwischen 1903 und 1966 in Neckarsulm gebauten motorisierten Zweiräder ist Legion.

501 T
1928
OSL-1936
NSU

501 T
1928

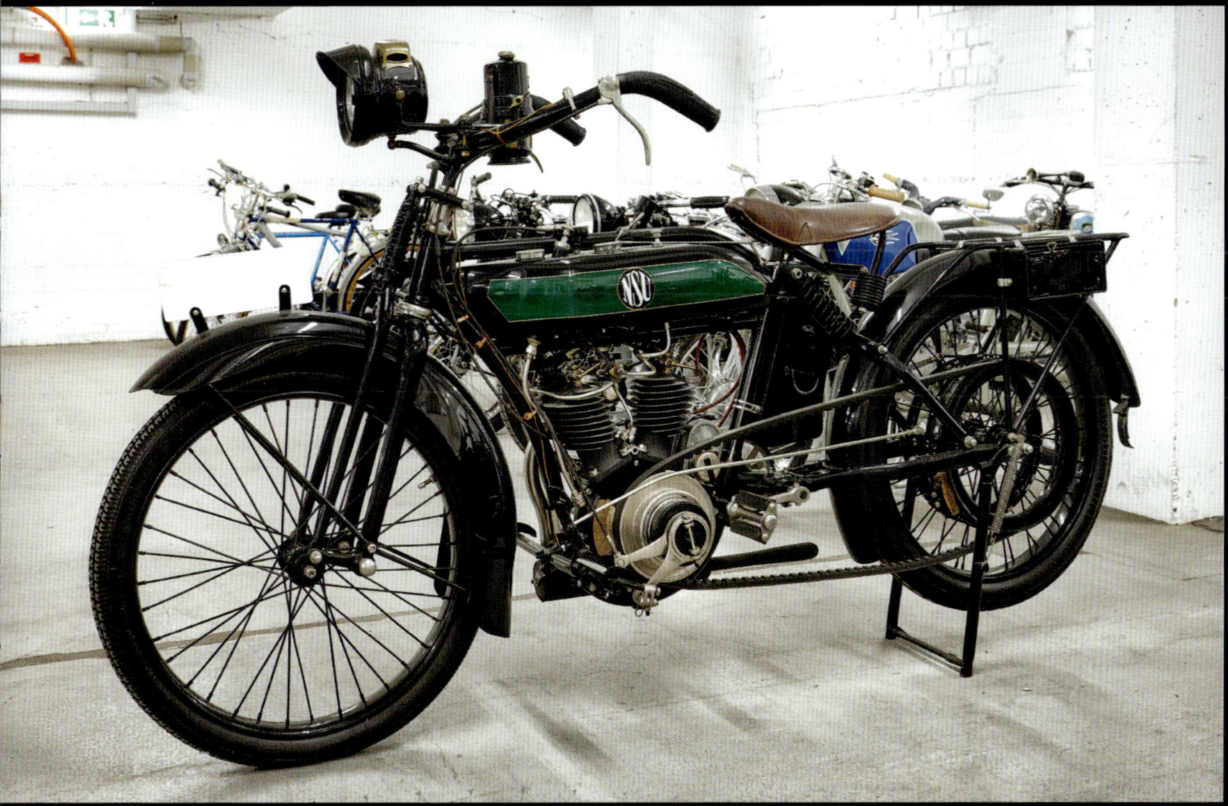

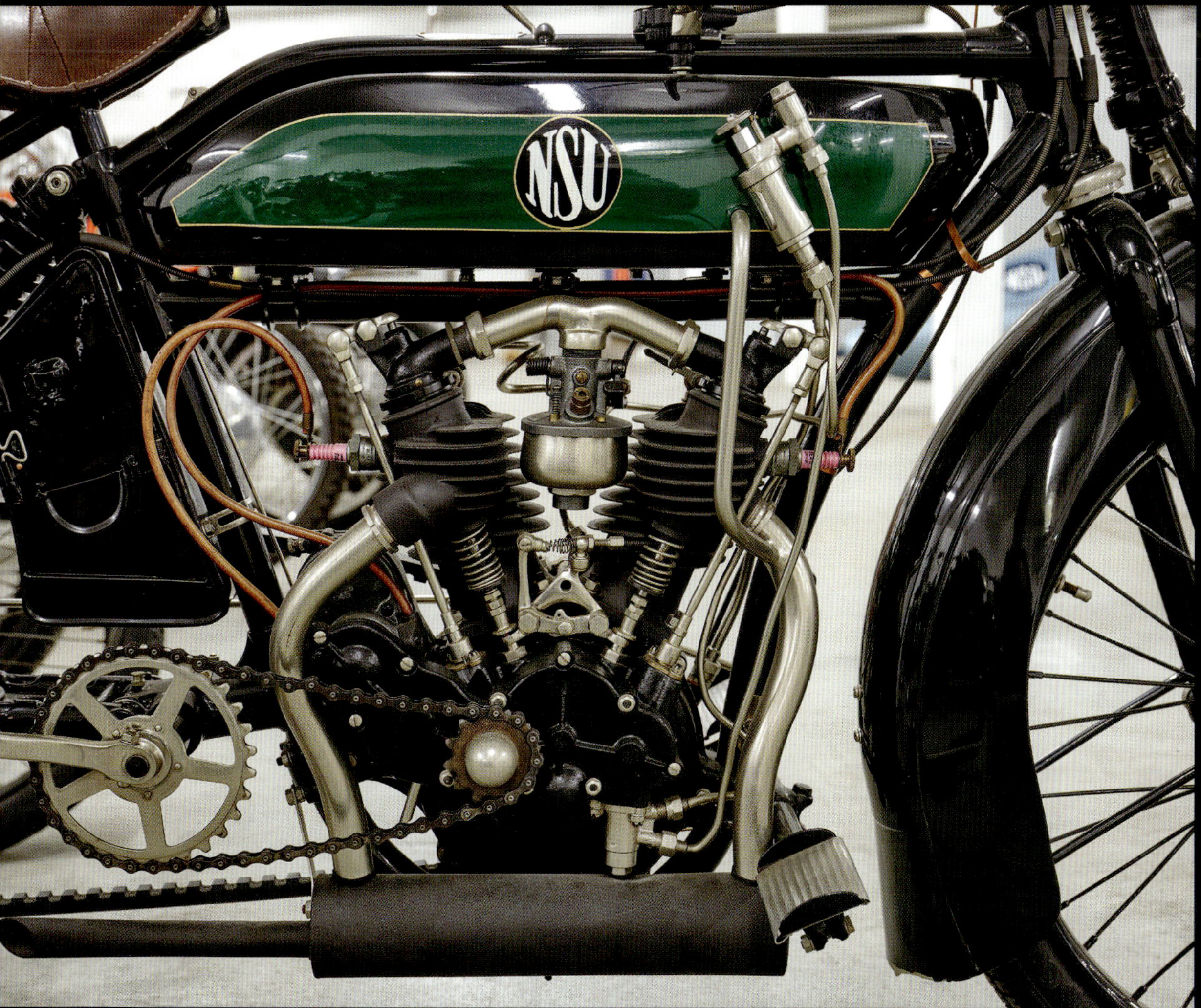

5015-1928
IID-6335

NSU
NSU
NSU
NSU

Den Rollerbau begannen die Neckarsulmer 1950 mit der in Lizenz produzierten „Lambretta“, die von einem NSU-Motor angetrieben wurde. Das 1956 vorgestellte Nachfolgemodell „Prima“ war dann schon im eigenen Haus entwickelt worden.

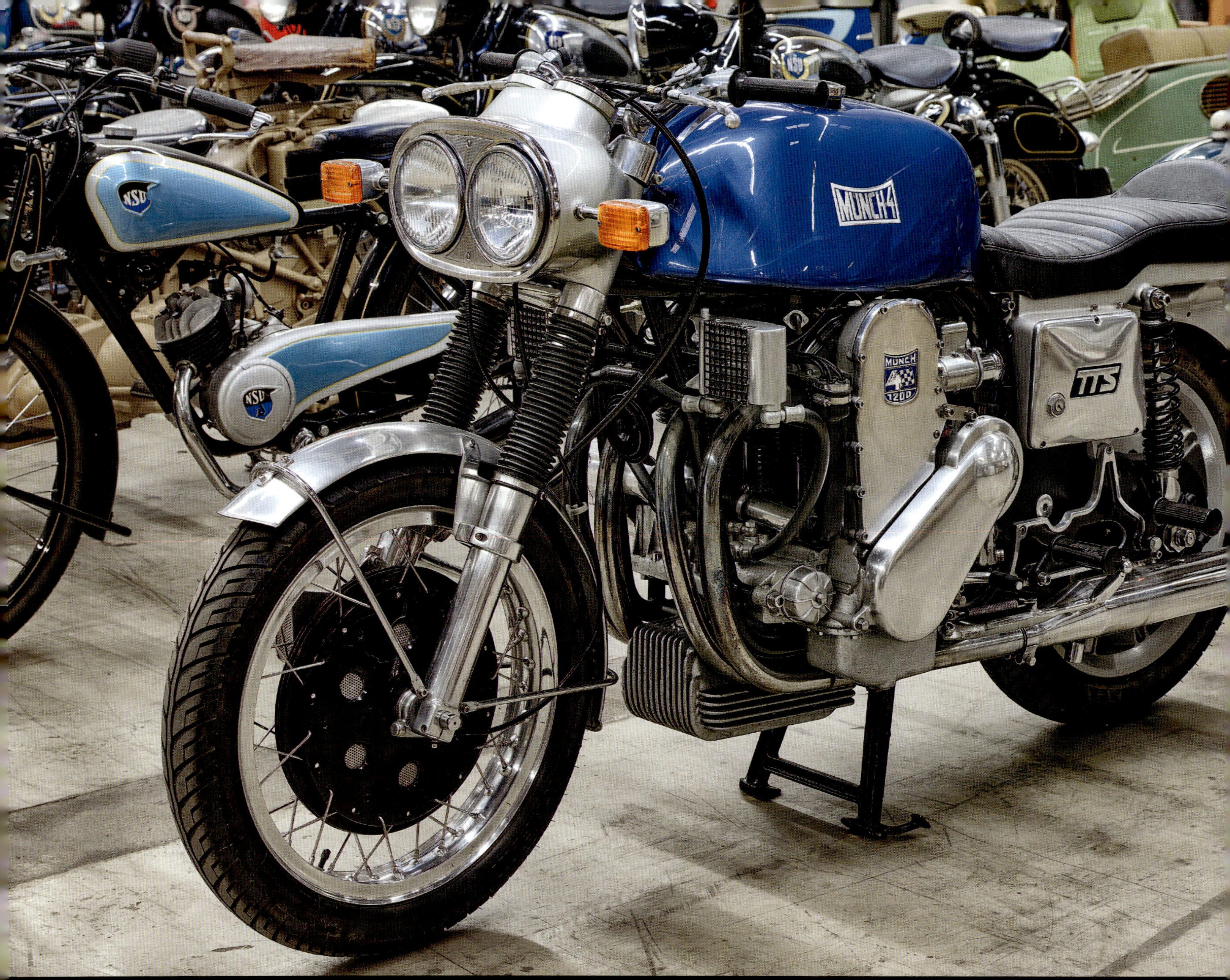
NSU
MÜNCH 4
MÜNCH 4 1200
TTS

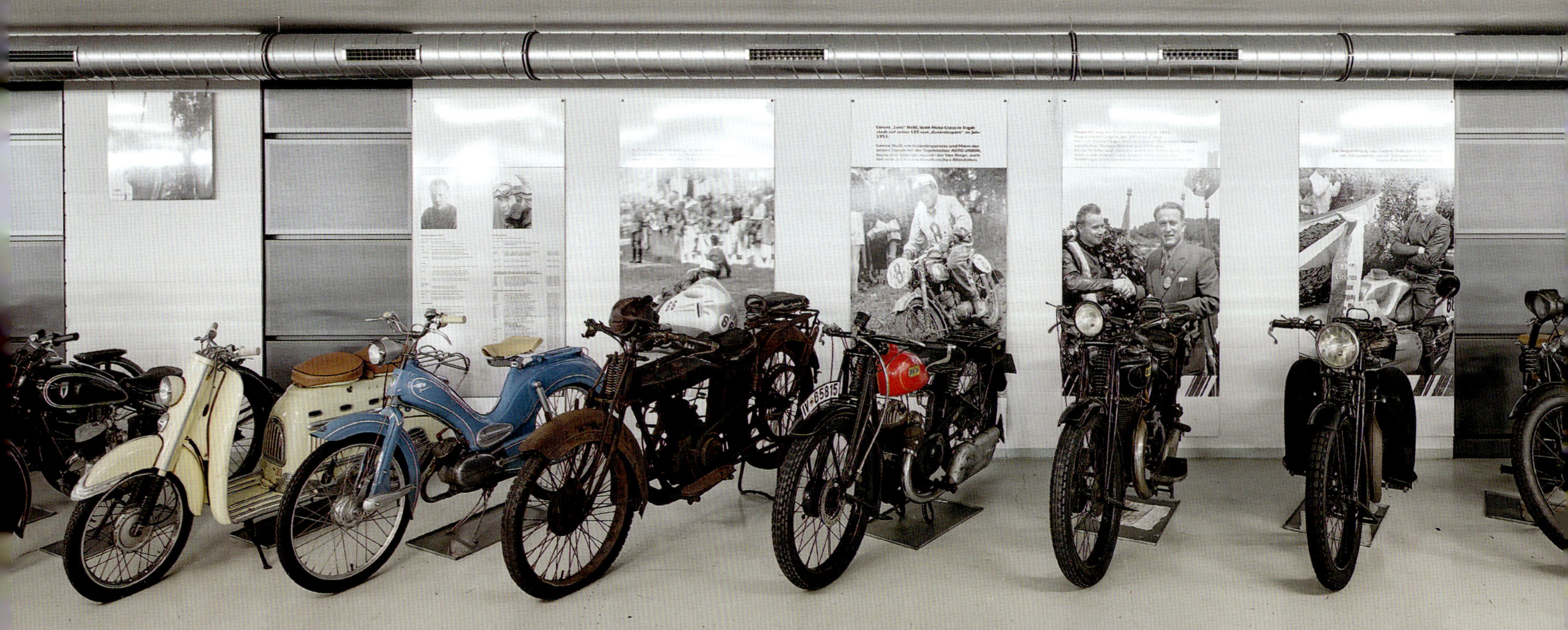

Wahlverwandtschaft – Friedel Münch transplantierte den luftgekühlten NSU-TTS-Vierzylinder in einen von ihm konstruierten Rahmen mit Elektron-Gusshinterrad. „Mammut" hätte der zu seiner Zeit konkurrenzlose Brocken eigentlich heißen sollen. Dummerweise hatte sich die Essener Nutzfahrzeugschmiede Krupp diesen Namen für einen Schwerlast-Muldenkipper schützen lassen und gab ihn nicht frei.

GUT

IM RENNEN

Die Historische Fahrzeugsammlung beherbergt eine nachgerade zoologische Vielfalt zwei- und vierrädriger Rennfahrzeuge. Bei den Motorrädern teilen sich DKW und NSU paritätisch die jeweiligen Epochen und Hubraumklassen. Dagegen bleibt das Kapitel der Motorradweltrekorde allein NSU vorbehalten.

Die Bandbreite der Renn- und Sportwagen erstreckt sich von den beiden ältesten, dem Audi Typ C Alpensieger und dem NSU 6/60 PS Kompressorwagen, der am Avus-Eröffnungsrennen teilgenommen hatte, bis hin zu aktuellen Werks- und Privatfahrermodellen wie beispielsweise dem R 8 LMS GT 3.

Der Grafiker Gustav Adolf Baumm hatte die Idee zu diesem „fliegenden Liegestuhl", mit dem NSU 1954 und 1956 in verschiedenen Hubraumklassen äußerst erfolgreich auf Weltrekordjagd ging.

NSU
12

NSU

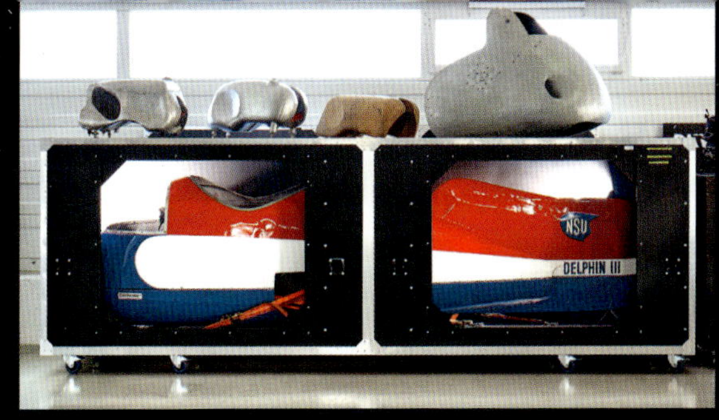

500er Zweizylinder-Kompressormotor mit 110 PS, eine eng geschnittene Stromlinienverkleidung und am Lenker Wilhelm Herz ergeben in Summe die Rekordgeschwindigkeit von 339 km/h, erzielt im August 1956 auf den Bonneville Salt Flats in Utah (USA).

NSU
DELPHIN III

Die vergangenen fünfundsechzig Jahre haben ihre Spuren hinterlassen. Die Dellen rühren jedoch nicht von Hertz' Kollision mit einer Lichtschranke auf dem Salzsee her, wie gerne immer wieder einmal kolportiert wird.

Continental
DELPHIN IV
HERZ
NSU
Kompressormotor
11
167
120
12
121
120

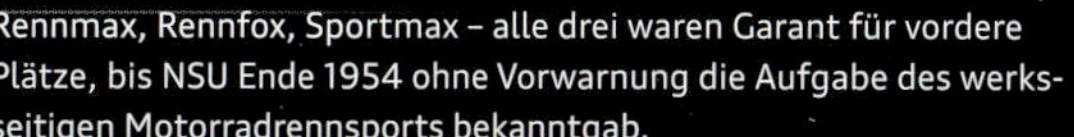

Rennmax, Rennfox, Sportmax – alle drei waren Garant für vordere Plätze, bis NSU Ende 1954 ohne Vorwarnung die Aufgabe des werksseitigen Motorradrennsports bekanntgab.

HERZ
Continental
Continental
DELPHIN IV
169
121

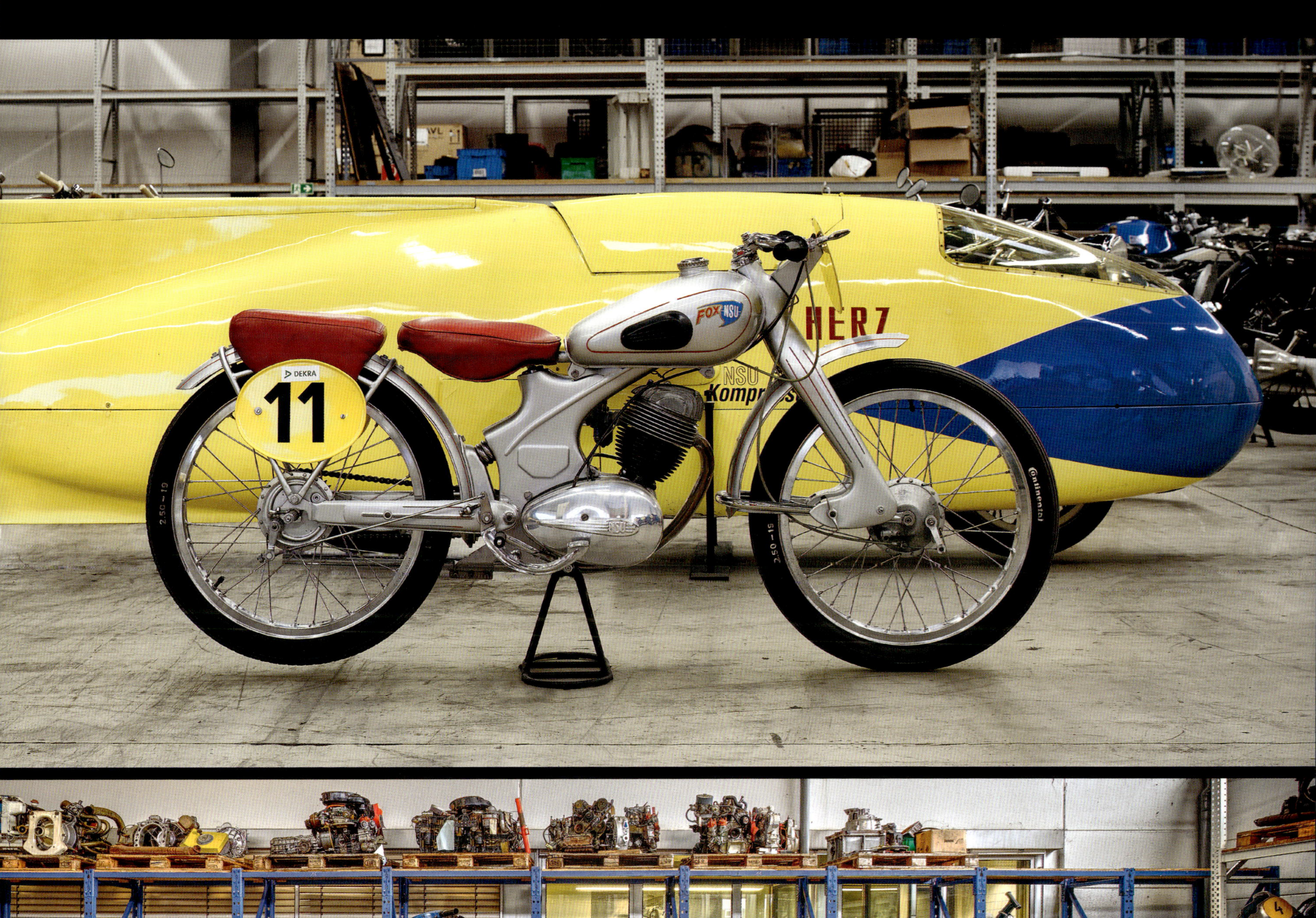
FOX NSU
DEKRA
11
HERZ
NSU
2.50-19

NSU · RENN · DIENST
NSU
Continental

NSU
Continental

1963 holte der ebenfalls von Herz konstruierte und gebaute Stromlinienwagen in den USA diverse Kurz- und Langstreckenrekorde in den Klassen 350 ccm und 500 ccm Hubraum. Die zum Antrieb eingesetzten Zweizylinder-Kompressormotoren hatte NSU leihweise zur Verfügung gestellt.

NSU
SPIESS
TUNING
Audi
Tradition

Gegen einen von Altmeister Siegfried Spiess aufgebauten und frisierten NSU TT war auf der Rennstrecke kaum ein Kraut gewachsen. Bis zum Auslauf der Homologation dominierten die wieselflinken Hecktriebler ihre Hubraumklasse nach Belieben.

DKW UL 500 1935–1938

Motor
Zweizylinder-Doppelkolben-Zweitaktmotor mit Ladepumpe
Leistung
ca. 48 PS bei 5.000 U/min
Hubraum
498 ccm
Höchstgeschwindigkeit
185 km/h
Verbrauch
12–15 Liter/100 km Zweitaktgemisch 1:15 (!)
Bauzeit
1935–1938
Gesamtproduktion
unbekannt

RENNERFOLGE DANK ZWANGSBEATMUNG

Am 1. Mai 1927 hatte die erste aufgeladene Zweizylinder DKW-Rennmaschine mit 500 ccm Hubraum beim Rüsselsheimer 24-Stunden-Rennen Premiere gehabt. Das Konstruktionsprinzip Hilfsladepumpe unter dem Kurbelgehäuse, Kolben mit Ablenknase und Wasserkühlung sollte bis 1933 ständig im Detail verfeinert werden – so stieg beispielsweise die Motorleistung von 26 auf 36 PS. Trotzdem waren die DKW PRe 500 nach 1931 leistungsmäßig hoffnungslos ins Hintertreffen geraten.

Bereits 1931 hatte die DKW-Rennabteilung in Zschopau mit der Entwicklung eines aufgeladenen Doppelkolben-Zweitakt-Rennmotors begonnen. In zwei getrennten Zylinderbohrungen mit einem gemeinsamen Brennraum arbeiteten zwei Kolben über ein Anlenkpleuel auf einem gemeinsamen Hubzapfen. Der höher belastete Auslasskolben war direkt mit dem Hauptpleuel verbunden. Der Einlasskolben saß auf einem am Hauptpleuel angelenkten Hilfspleuel. Diese von Arnold Zoller 1925 bei Fafnir in Aachen erdachte Konstruktion ermöglichte durch Nacheilung des Einlasskolbens gegenüber dem Auslasskolben ein unsymmetrisches Steuerdiagramm und bei geschlossenem Auspuffschlitz die Überladung des Triebwerks um etwa 25 % bis auch der Einlasskanal vom Kolbenhemd verschlossen wurde.
Der auf diese Art erreichte Leistungszuwachs war bemerkenswert und so lag es nahe, auch die Zweizylindermaschine auf die neue Technik umzustellen. 1933 erschien die erste Version der UL 500; „U" stand für „U-Zylinder", also Doppelkolbentechnik, „L" für „Ladepumpe", die bewährte mechanische Zwangsbeatmung. Im Innenleben der UL 500 bewegten sich nunmehr vier Kolben sowie ein über Exzenter angelenkter, fast 100 mm messender Ladepumpenkolben im Untergeschoss des Kurbelgehäuses. 1934 leistet ein solches Triebwerk bereits 40 PS bei 5.000 U/min und machte die Solomaschine gut 175 km/h schnell. Anders als der Motor wirkten Rahmen, Armaturen und Kühler noch längere Zeit wie Bastelarbeiten. Mit Einsatz der 1935er Modelle änderte sich das grundlegend und in den folgenden Jahren standen mehr und mehr Detailverbesserungen im Vordergrund.

Intensiven Arbeiten im Windkanal verdankte die UL 500 ab 1936 einen neuen Kraftstofftank sowie das aerodynamisch optimierte vordere Schutzblech, das gezieltere Anströmung des vom Vorderrad nahezu verdeckten Kühlers ermöglichte. Ende 1936 erhielt die 500er, analog zu den 250er-Modellen eine Hinterradfederung. Im darauffolgenden Jahr erreichte die UL 500 ihren letzten Ausbaustand mit senkrecht stehendem Zylinder und ebenso senkrecht im Rahmen sturzsicher untergebrachtem, mit Hilfe von Leitblechen intensiver angeströmtem Kühler.

Die zahllosen Erfolge der DKW-Werks- und -Privatfahrer trugen maßgeblich zur Beliebtheit und den hohen Verkaufszahlen der Zschopauer Zweitakter bei.

Diese letzten Solo-500er leisteten etwa 48 PS bei 5.000 U/min und waren bis zu 190 km/h schnell. Der Schwanengesang folgte 1938, die Konkurrenzfähigkeit, vor allem gegen die neue Kompressor-BMW, war nicht mehr gegeben. Werksseitig kam die DKW kaum noch zum Einsatz, diese Aufgabe überließ das Werk Privatfahrern, die „abgelegte" Werksmaschinen erwerben konnten.

Neben Einzelteilen und mehreren Schnittmotoren zu Ausstellungszwecken haben zwei UL 500 die Zeiten überdauert. Eine Versuchsmaschine mit Drehschiebersteuerung, die allerdings kurz nach dem Krieg mit einem 350er-Fahrgestell wieder aufgebaut werden musste, und die Maschine eines Privatfahrers, die in Schlesien vor Kriegsende gut konserviert vergraben wurde. Sie diente, mehr als sechs Jahrzehnte später, als Muster für den Neuaufbau der einsatzbereiten Traditions-UL, die gelegentlich bei historischen Rennveranstaltungen ihre markerschütternde Geräuschkulisse zum Besten gegeben hat.

AUTO UNION

Die Fünfhunderter-Solomaschine ist ein perfekt gemachter, originalgetreuer Neuaufbau und hat mit ihrem markerschütternden Ton schon auf diversen Rennstrecken für Furore gesorgt.

Laut DKW-Nestor Siegfried Rauch wurde dieses DKW-Renngespann in der großen Hubraumklasse von Schumann/Beer gefahren. Eine aufwendige Restaurierung versetzte das vermutlich einzige noch existierende Exemplar wieder in einsatzfähigen Zustand.

0 20 40 60 80 100 120
°C

DKW UL 700 Gespann 1936–1937

Motor
Zweizylinder-Doppelkolben-Zweitaktmotor mit Ladepumpe
Leistung
ca. 50 PS bei 5.000 U/min
Hubraum
622 ccm
Höchstgeschwindigkeit
175 km/h
Verbrauch
12–15 Liter/100 km Zweitaktgemisch 1:15 (!)
Bauzeit
1936–1937
Gesamtproduktion
unbekannt

EIN LAUT-STARKES KRAFTPAKET

Um den Namen DKW im Motorradrennsport auch in die Siegeslisten der zu jener Zeit ausgeschriebenen beiden Seitenwagenklassen eintragen zu können, entwickelte die DKW-Rennabteilung 1935, auf der Basis der DKW Solo-Rennmaschine UL 500, einen Vierkolben-Ladepumpenmotor mit 600 ccm (für die Seitenwagenklasse bis 600 ccm) und 1936 zusätzlich einen 700er-Motor (für die Klasse bis 1.000 ccm).

Der aufgeladene, wassergekühlte Zweizylinder-Doppelkolben-Zweitaktmotor leistete im 700er-Gespann gut 50 PS, von denen über Vierganggetriebe und Kette noch gut 45 PS am Hinterrad ankamen. Für einen Rennmotor lag die Höchstdrehzahl von 5.500 U/min geradezu lächerlich niedrig, dafür protzten die DKW-Motoren mit bulligem Drehmoment und hervorragendem Anzug. Das aufgeladene Hochleistungstriebwerk hatte einen „gesunden Durst“, gut 20 Liter Zweitaktgemisch im Mischungsverhältnis 1:15 bis 1:20 lief durch die beiden Amal-Rennvergaser. Kommentar von einem, der damals dabei gewesen war: „Bei den großen Ladepumpen-DKW hast Du bei laufendem Motor und abgenommenem Tankdeckel einen Strudel im Tank gesehen!“ Treffend beschrieben, aber sicherlich ein wenig übertrieben ... Benzinkanne mit vorbereitetem Gemisch, Trichter zum schnellen Betanken und Gießkanne für das Kühlwasser gehörten bei allen Rennen ebenso zur Grundausstattung einer jeden DKW-Boxenmannschaft wie der Zündkerzenschlüssel im Stiefelschaft des Fahrers. Die seinerzeitigen Bosch-Rennkerzen waren den extremen thermischen Belastungen oftmals nicht gewachsen und Zündkerzenwechsel, auch auf der Strecke, war eine ungeliebte, dafür häufig zu absolvierende Übung der Ladepumpenfahrer.

Unter den Gespannfahrer-Mannschaften Kahrmann/Eder, Braun/Badsching und Schumann/Beer erwiesen sich die DKW-Seitenwagengespanne gegenüber den Wettbewerbern als starke, äußerst erfolgreiche Gegner, gegen die in beiden Klassen nur selten ein Wettbewerber punkten konnte. Es war nur konsequent, dass in den Jahren 1936 und 1937 die Deutsche Meisterschaft in den Seitenwagenklassen bis 600 ccm und bis 1.000 ccm an DKW fiel. 1937 gesellte sich auch noch die Europameisterschaft in beiden Klassen zu dieser Erfolgsserie.

Da es bei den Seitenwagenrennen immer wieder zu spektakulären Unfällen gekommen war, und nachdem der DKW Spitzenfahrer Karl Braun beim Schleizer Dreiecksrennen im August 1937 tödlich verunglückte, wurden ab 1938 in Deutschland keine Seitenwagenrennen mehr ausgetragen.

Das 1936 gebaute Seitenwagengespann aus der Sammlung der AUDI AG ist das einzige, das die

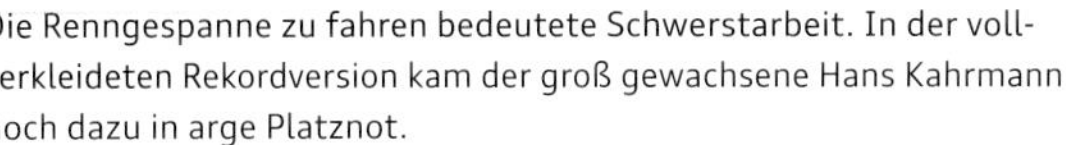
Die Renngespanne zu fahren bedeutete Schwerstarbeit. In der vollverkleideten Rekordversion kam der groß gewachsene Hans Kahrmann noch dazu in arge Platznot.

Kriegsjahre überlebt hat. Es wurde bis Ende der Saison 1937 von Hans Schumann mit Beifahrer Julius Beer gefahren; beide konnten im Jahr 1937 die Europameisterschaft in der Klasse Seitenwagen bis 1.000 ccm gewinnen. Danach verlieren sich die Spuren im Dunkel der Ereignisse.

In der Nachkriegszeit tauchte die UL 700 auf nicht mehr nachvollziehbaren Wegen bei der Auto Union GmbH auf. Eine Zeit lang soll sie im Verwaltungsgebäude des Werks Düsseldorf und dem dortigen Haus der Technik ausgestellt gewesen sein. Nachdem DKW in Ingolstadt 1958 die Motorradproduktion endgültig aufgegeben hatte, gelangte das Gespann zunächst zur Zweirad Union nach Neumarkt. Nach deren Übernahme durch die Nürnberger Hercules Werke GmbH im Jahr 1966 stand das seltene Stück zunächst in Nürnberg und kam schließlich als Langzeit-Leihgabe ins Zweirad-Museum nach Neckarsulm.

Vor einigen Jahren beauftragte Audi Tradition einen in Sachsen ansässigen Spezialisten für DKW-Rennmotorräder mit der Restaurierung in fahrbereiten und einsatzfähigen Zustand. Den Rollout hat das lautstarke Kraftpaket schon hinter sich, ein erster Auftritt auf historischem Boden steht allerdings noch aus.

83

DKW
SHELL
MOTANOL
83
2

83
TDI

TDI
MICHELIN

Kronjuwelen sind die Auto Union Grand-Prix-Rennwagen der Vorkriegszeit. Der Sechzehnzylinder Typ C ist ein orginalgetreuer Nachbau. Von den Zwölfzylindermodellen des Typ D besitzt die AUDI AG je zwei Nachbauten und zwei Originalfahrzeuge, von denen in den 1980er-Jahren Einzelteile verstreut in den Weiten der damaligen Sowjetunion aufgetaucht waren.

TDI Power
TDI
8
BOSCH
MAHLE
Garrett
MICHELIN
Audi Sport
Castrol
EDGE
ORIS
AUDI NSU
ADT

Audi Sport
MAHLE
BOSCH
2

Nach Einsatzjahren geordnet stehen die Le-Mans-Boliden in einer Reihe und erlauben so einen einmaligen Überblick über die Evolutionsgeschichte, die 1999 mit R 8 R und R 8 C begann.

Audi Spo
quattro

Bei den vermeintlichen Insektenleichen handelt es sich um die Abdrücke aufgepralIter Reifengummipartikel.

Stuck
BOSCH
quattro
HY
ORIS
Swiss Watches
MICHELIN

Unter den Fahrzeugen der ersten beiden Einsatzjahre sticht das von Frank Lamberty gestaltete „Krokodil" heraus. Die vierrädrige Reminiszenz an den seinerzeit aktuellen Spielfilm „Crocodile Dundee" kam Ende 2000 beim Millennium Race im australischen Adelaide zum Einsatz.

Panasonic Car Audio
Infineon technologies
MICHELIN
MICHELIN
8
Panasonic Car Audio
1
Infineon
MAHLE
MICHELIN
MAHLE
MICHELIN
Panasonic Car Audio
Infineon

AUDI NSU
SHELL AUTOOELE
SHELL
Audi Sport
8
Shell
MICHELIN
Castrol
Hankook
Audi TDI

Infineon
CASIO
MAHLE

V8

SCHAEFFLER
gratuliert
Martin Tomczyk
BOSCH
Tomczyk
Audi Sport
DEKRA
14
ADAC
SCHAEFFLER
FAG
LUK
Hankook
ROC
Rockenfeller
Audi e-tron quattro
TDI
Stuck
Bernhardt
MINTEX
PIRELLI

DKW
AUTO UNION

nothelle tuning
Veedol
SCHRICK
163
nothelle
tuning
Audi Sport
quattro
SKF
BOGE
MICHELIN
2
Audi Sport
Castrol
MICHELIN
SHELL

Audi 50 Nothelle, Audi 200 quattro Safari, Audi Sport quattro S1 E2 und einer von drei gebauten Audi 80 quattro 2,5 V6 Prototypen. Welcher von den Vieren ist der Spektakulärste?

DEKRA
Audi
quattro GmbH
quattro GmbH

Marlboro
Safari Rally Kenya
EPSON
HB
international
ENT
Audi Sport
IN YV 71
MICHELIN
AUDI NSU
Castrol

Nach dem Ausstieg aus der Gruppe B setzte Audi in der Saison 1987 den Audi 200 quattro ein. Bei Langstreckenrallyes, wie der Safari-Rallye, machte sich dessen unglaubliche Stabilität und Robustheit bezahlt. Ein Jahr später wurde Armin Schwarz auf einem vom Werk übernommenen Audi 200 quattro deutscher Rallyemeister.

quattro
only

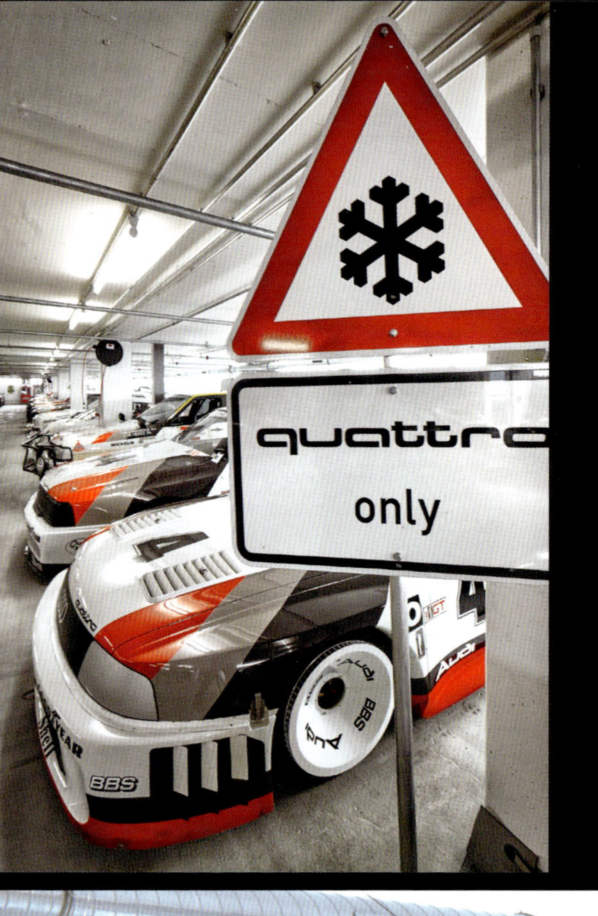

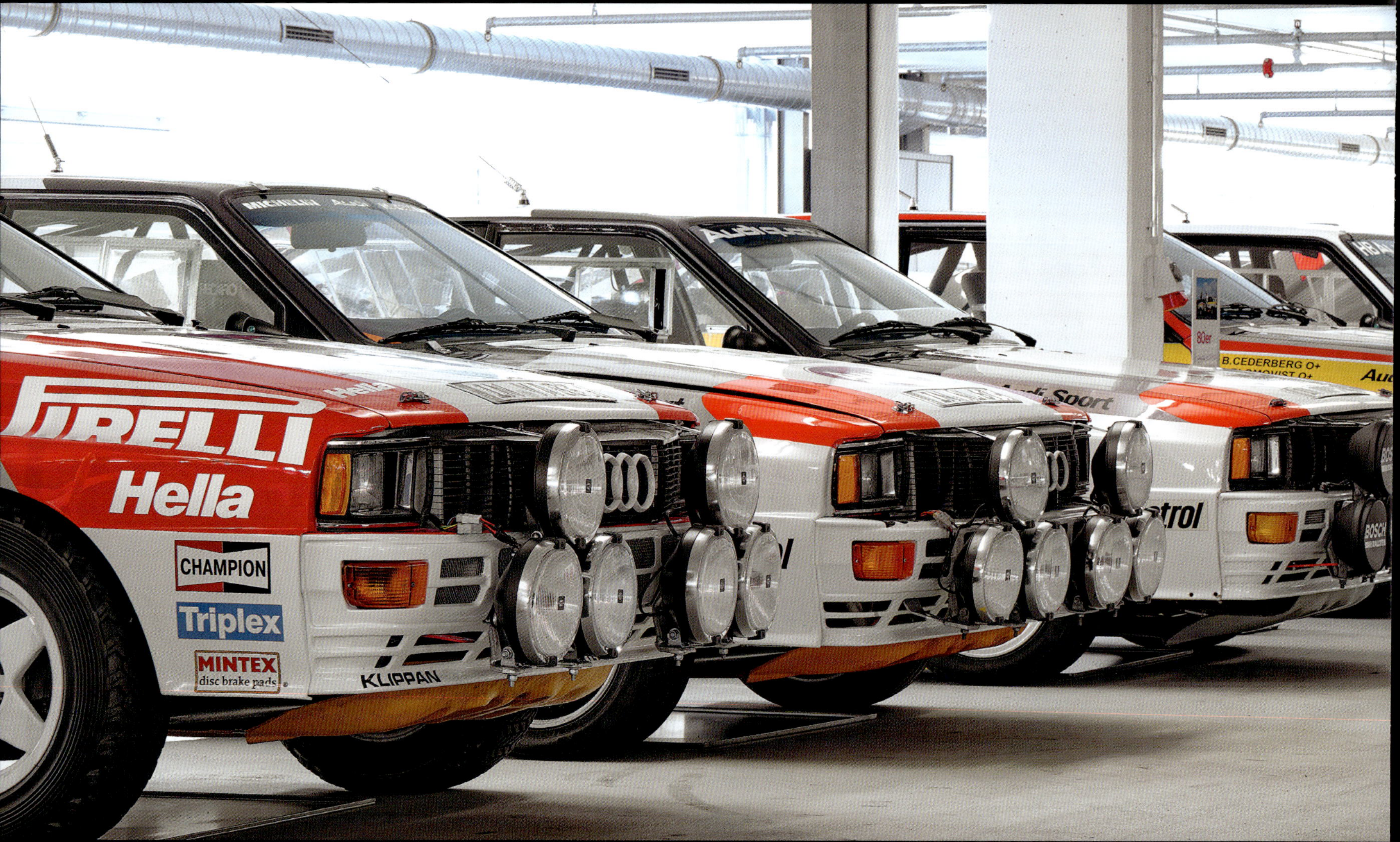
PIRELLI
Hella
CHAMPION
Triplex
MINTEX
disc brake pads
KLIPPAN
Audi Sport
B.CEDERBERG O+

Ach, wenn sie doch nur sprechen könnten, die quattros, die an der RAC Rallye, der Rallye Monte Carlo, der Akropolis Rallye und zahllosen anderen Weltmeisterschaftsläufen teilgenommen, oder in den USA und Europa die Rundstrecken unsicher gemacht haben.

R18
Auto Union
Typ A
Audi quattro
4
Audi
quattro
GOODYEAR
BOSCH
GOODYEAR
BBS
BBS
Shell
Shell
1A

Mit zunehmendem Alter darf man auch den Aufzug benutzen – anders wären die drei oberen Etagen des büronahen Depots auch gar nicht nicht zu beschicken.

Start from pits ASR 6
Cut positions 5, 6, 7, 8 for ASR
GREEN KERS LED – Car Clear
RED KERS LED – KERS NOT CLEAR
OBR
Wiper
Reverse
Off
Main
Ignition
Fog
Start
Turn
On
Highbeam
Pump
REV
Reset
Heater
Neutral
Pump
E
LIVE
MODE
KCLR
OFF

Wie Sie sehen sehen Sie nichts. Tunnelblick des Fahrers aus einem Le-Mans-Boliden. Der Bildschirm am oberen Scheibenrand dient als Rückspiegel.

R8 5.2 quatt

Nach Audi Avus quattro, Audi ASF und hochglänzendem Audi A 2 die jüngste polierte Perle der Fahrzeugsammlung.

Impressum

Herausgeber
Auto Union GmbH
Auto-Union-Straße 1
85057 Ingolstadt
www.audi.de/tradition

Archive und Quellen
Unternehmensarchiv der AUDI AG
Archiv ö_konzept Zwickau

Fotografie
Stefan Warter

Texte
Ralf Friese

Lektorat
Ralf Friese
Hanno Vienken

Gestaltung
ö_konzept Zwickau
Matthias Kaluza
Sven Rahnefeld

Druck
Print consult, München
Printed in Czech Republic

Delius Klasing Verlag
Siekerwall 21
33602 Bielefeld
Tel. 0521 / 559-0
Fax 0521 / 559-115
info@delius-klasing.de
www.delius-klasing.de

Bibliografische Information der Deutschen Nationalbibliothek
Die Deutsche Nationalbibliothek verzeichnet diese Publikation in der Deutschen Nationalbibliografie; detaillierte bibliografische Daten sind im Internet über http://dnb.dnb.de abrufbar.

1. Auflage
ISBN 978-3-667-12529-3